愿 你 人 间 有 味

得闲品茶

露茜女子 —— 著

 中国出版集团有限公司

 世界图书出版公司
西安 北京 上海 广州

图书在版编目（CIP）数据

愿你人间有味　得闲品茶 / 露茜女子著 . -- 西安：
世界图书出版西安有限公司，2025.1.--ISBN 978-7
-5232-1827-3

Ⅰ . TS971.21-49

中国国家版本馆 CIP 数据核字第 20244HT694 号

愿你人间有味 得闲品茶

YUAN NI RENJIAN YOUWEI DEXIAN PINCHA

著　　者	露茜女子	
责任编辑	李江彬　陈康宁	
出版发行	世界图书出版西安有限公司	
地　　址	西安市雁塔区曲江新区汇新路 355 号	
邮　　编	710061	
电　　话	029-87214941　029-87233647（市场营销部）	
	029-87234767（总编室）	
网　　址	http://www.wpcxa.com	
邮　　箱	xast@wpcxa.com	
经　　销	全国各地新华书店	
印　　刷	陕西龙山海天艺术印务有限公司	
开　　本	787mm×1092mm　1/16	
印　　张	18	
字　　数	300 千字	
版　　次	2025 年 1 月第 1 版	
印　　次	2025 年 1 月第 1 版	
书　　号	ISBN 978-7-5232-1827-3	
定　　价	128.00 元	

坐饮春茶 心有潺潺水声

在深山里修行闭关

写这本书的时候，如同在深山里修行闭关。

白天工作，打理小院，晚上回家陪伴孩子，深夜写稿，这样的节奏持续坚持了近一年。

一个人清净时，灵感瞬间就像雨一样灌进来。等到写完，自己仿佛经历了一种生命的再次觉醒。

写作是一盏忽明忽暗的灯，只有直面人性中的深渊，才能穿越它。

"我与我周旋久，宁做我"，但最终选择做哪个"我"，也许我们每个人正在经历挣扎和取舍。

其实我写在文字中的并不一定自己都能做到，知行合一太难。更多的是自我勉励，是自我觉知，是内心梳理。

有些天赋和灵感过了年纪，需要极强的信念才能坚持下来。有些朝气和勇敢，过了时间，也是需要打破后重塑人格才能保留下来。

写一本书是攀爬一座山谷，但人生路途中有无数山谷，需要体力和耐力才能到达高山之巅。要想持续创作，确实需要莫大的信念和勇气。

如同一个人行游山中，走到清冽的溪涧处，想要亲眼看到对岸的海棠花。可是溪水深深，得脱鞋涉水而行，脚踩在水里的石头上，疼得很。

但是为了走到那株幽香如仙子的海棠树下，亲手摘一枝海棠，看纷纷而落的花瓣流进溪流中的大美，行路难的艰辛又何足为惧。

文字如我，在清幽的梦中穿行。那里有芳草萋美，有嘉木树庭，有名士佳人，随手一写，就觉得云淡天青起来。

人有一颗灵敏诗心，才能觉察人与各种关系，从而映照生灭变幻。我们能在生活中得到当下安放，努力护持好这颗尘心，梦里的南山才能时时灿然。

我相信一个人把时间花在哪里，就会在哪一方面有所精进。一个人写的文字，拍的照片，行走过的山水，都会成为自己独有的气质。

笔力成为我行走于世的心力，才能去共情世间挣扎的灵魂。哪怕收摄身心归于琐碎日常，这份笔力依然能在平凡日子里得了道。

多去外面行走，去见天地和众生，才会真正躬下身来修正自己。当然行走多了就会发现，一个人的设想再美，都需要践行。

人世这一场是甘苦自担，各负其命。但请让自己千万别白活，心里仍有衣袂飘飘，有披帛起舞。

人心易善变，在任何时候要不断完善自己，如同知海无涯，见花问道。祝福我，更祝福你，好好照料身体，常常清理内心，要始终如一努力生长。

亲爱的你，愿你丹书白马，前路水软山温。

亲爱的你，愿你坐饮春茶，心有潺潺水声。

苏东坡的风骨活法

苏东坡迤迤然走来，如一位老友与我们晤面。

他一来，我的心就被点亮了，整个人跟着他荡气回肠，如同少年人对生命炽热的期望。

苏先生一生漂泊，身如不系之舟。可不管行至何处，这个男人总是一如既往地敬天惜人，对生命纵情投入，心中始终有一份"道"的信念。

这是一本关于苏东坡风骨活法的书籍，是写消解压力和焦虑的人生智慧，是写我们穿越而来和东坡先生一起治愈式喝茶。

很想借着一盏茶问问苏先生，假如他面对我们今天的处境，关于名利、得失、困境这些无法回避的问题，他又是如何作答呢？

或许他会说，人人是当局者，亦是旁观者，谁都有迷失，也有清醒时。我们有自身的担荷，也许寄情茶水汤沸，是在活法中看到人生最大的可能吧。

人太风雅了就会端着，该粗犷时就要吃吃喝喝嘻嘻笑笑，灵魂和肉体有肌肤相亲，也有云泥之别。

我们在现实苦海中穿梭，时不时得见缝插针或闪闪躲躲。可心里总有一团烛火，随山风一起飞舞。

喝茶时，有时会怀想东坡先生饮茶的风姿，怀想他如何绵绵徐饮，在茶汤中淡忘漂泊之苦。

我很感谢习茶带给自己的观照，每次一走进茶室，迅速被一种宁神安心的氛围包围，心情也随着舒展起来。

一盏茶汤入口，心里一下就被震醒了，仿佛置身枕溪漱石的山里，那一刻天地清灵，山林满绿。

借着茶气幽幽飘进心里，一行行文字如莹莹月光照进来，还真是春夜和畅，让人好眠。

想想苏东坡如果生在这个时代，我们会和他成为知己。从眉山到西湖,从庐山到惠山,从净慈寺到承天寺,陪着他喝茶,陪着他唠嗑,陪着他行游天下。

我们没能去的山河,我们不能抒发的情感,借着这位可爱的坡仙流入一篇篇诗文里,流入一杯杯茶汤里。

他烹煮的茶汤,有开阔气度,有力拔山兮,有共度岁月的怜惜。正如人要沉下来,才能有力量的承载,好的心境胜过任何的馈赠。

现实中,天赋异禀的人毕竟是少数,我们有一颗向上之心,有喜欢的事物治愈自己,已是很好的一生。

感谢这本书的出版方世界图书出版公司,感谢我的责任编辑李江彬老师和陈康宁老师,感谢为这本书给予支持和帮助的朋友,更要感谢每一位读到这本书的您。

此时是甲辰年的春天。春日真是花花柳柳又莺莺燕燕,院子里的葡萄叶幽绿绿的,月季花也一朵朵盛开,看着它们能让这颗心避避雨,歇歇脚。

《红楼梦》里的宝钗曾说"各人带缘法"。各人有各人的花与香,各人亦有各人的取与舍。

入世考验的是我们的心力和勇气,庆幸自己还有对生活的表达欲,一路奔着浩浩汤汤,见得花月撩人,也算是不负这女儿之身了。

当下,我们不饥、不寒、不曝于风雨,就是人间幸事。愿溪山清风衔来一束春花,一枝赠给您,一枝留给自己。

露茜女子

甲辰年四月

目 录

第 1 章

◀ 闲情 从约茶的仪式感开始 ▶

第 2 章

◀ 悦已 从喝茶的审美开始 ▶

第 3 章
生活实苦 不如喝得开心点

第 4 章
神仙友情 尽在一杯茶里

第 5 章

人间有味 永远赤子天真

第 6 章
学会和解 把每寸光阴活得饱满

闲情 从约茶的仪式感开始

【啜茶帖】

春日迟迟 无事吃茶

眼下风轻日暖，一切都荡漾着生机。我喝着茶读苏东坡的《啜茶帖》：

道源无事，只今可能枉顾啜茶否，有少事须至面白，孟坚必已好安也，轼上。恕草草。

这幅字帖是苏东坡写给友人道源的手札。

不过寥寥数语，并无华丽辞藻，却让人闲适自在，有晋人风度，实在是好。

用今天的话来说就是：如果道源你没什么事，闲着也是闲着，那我们一起饮茶好吗？信里讲话不方便，我有些小事想与你私聊，你儿子孟坚如何？想来一切都好吧。帖写得草草随意了点，还请见谅哦。

东坡先生邀请友人道源前来喝茶，

还顺带问候了他的儿子。很喜欢最后那三个字"恕草草"，有一种萧散和松快。

你看，古人明明只是约个茶，还要用心写了帖子去请，被邀的人也能实实在在感受到被用心对待的珍视。

其实啊，饮茶只是由头，畅所欲言的聊天才是最令人惬意的事。

那天苏东坡和道源什么时候见的面，哪个时辰啜的茶，又聊了些什么私事，今天的我们不得而知。

这张帖给人可爱生动的画面感。道源见帖而来，他和东坡对饮，边啜边聊。两人逸兴遄飞，真是畅快淋漓，茶亦见了壶底，可依旧聊到"忘形到尔汝"。

很喜欢这个"啜"字，只要念一念，就觉得唇齿生香。喝茶太过平淡，饮茶又太随意，啜茶刚刚好。

我对这张《啜茶帖》有特别的偏爱，一边读着字帖，一边体味着苏东坡和友人之间的情意，有一种与古人神交的畅快。

那些流传千古的字帖，多半是这样平常得不能再平常的碎碎念。当约茶帖穿越时空，我们仍能感受到他们骨子里的直爽和可爱。

想起古人见了面，就拱手作

揖，担心后会无期，就留把扇子，换个字帖什么的，约好以后某时某地相见，种种之举有信守诺言的珍重。

如今的你我，见面加个微信，网上可以随时可以联系，却少了些盼望相见的真意。

这张约茶帖让人格外亲切，苏东坡和友人约茶，更多的是把世俗之重化为轻盈，这其实是一种大洒脱。

他的茶是内心坚守的清凉茶。或许，人寻寻觅觅的也不过是一杯舒服通透的茶汤。

回顾苏东坡的前半生，如同翻山越岭之人看回头路。

元丰三年（1080），这个时期是他的人生重要转折点。当时他因"乌台诗案"被流放至黄州，担任充团练副使。

只不过这是个闲散官职，作为团练使的副职，俸禄和权利都极小，几乎没有任何实权。

刚到黄州时，苏东坡惆怅得夜夜难眠。他只能泛舟赤壁之上，听江水流逝，看日升月落。

那年，苏东坡曾以自嘲的口吻写下了这句诗："心似已灰之木，身如不系之舟。问汝平生功业，黄州惠州儋州。"

被贬到黄州的他孤寂无聊，这个时候好想找到一个相知的人，于寂寂长夜喝上一壶茶，在茶汤鼎沸之时聊几句过往，抒怀遣忧。

于是苏东坡想到了道源。

《啜茶帖》里的道源是谁呢？他是苏东坡在黄州的挚友杜沂，字道源，他与东坡一家是世交。

这位源道兄，是苏东坡被贬黄州后第一位前来喝茶的友人。道源的来访无疑给困境中的苏东坡带来了温情和安慰。

当时他被贬到黄州才两个多月，还没从贬谪的打击中恢复过来，正在住所定惠院发呆，忽闻故人杜道源来访。

长途跋涉过来的路上，道源给苏东坡带了来自武昌西山中的稀有之物，酴醾花和菩萨泉。

人生总是要有几个知己的，亦师亦友，有花可同赏，有难可共当，当然更少不了好茶共享。

一场茶饮，如同江湖聚义。那一日，苏东坡和道源三两盏入腹，暗香滔滔，很快就疏散了心里的郁郁闷闷。

喝完茶秉烛夜谈之后，道源又邀约苏东坡一起游寒溪和西山。

东坡先生也动了心，道源没撩几句，他便两眼放光，直言赶紧去啊。道源随即约上儿子孟坚，乘着一叶小舟带着苏东坡兴冲冲游览大好河山去了。

除了邀请道源品茶，给他送酒，苏东坡平日里也会给这位老友写信问候。

很羡慕那个习惯写信帖的年代，他们笔下的深情，纸上的自在，让我们从字里行间读懂了那些质朴情感的由来。

这神仙一样的《啜茶帖》，历经多少年流传。

这么多年过去了，一看到此帖，我能感受到东坡先生的气息从远山苍水处而来，仿佛有着温热之气。

古人去约茶，不像我们这般方便，有时要舟渡越岭，有时要飞鸽传书，到达时也可能是柴扉紧掩不见人。只好折一枝山花轻放在门前，表明我已来过。

那时天各一方，也不知何年才会相见，却因一张字帖亲自前来赴约，真是不得不钦服古人的温情和道义。

即使后来生活窘迫，苏东坡也能一头埋进茶饼子里，种种难事都不提。只像个心急的孩子一样留话给友人，无事的话快来吃个茶吧。

东坡这一生豪气纵横，善与人交，像这样的约茶帖应该写过很多。帖里的快意和烟火气，在苏东坡身上荡漾着。

若是东坡先生生在如今，我等女子必定视他为知己，携上茶和古琴，

只为了赴他一面之约，也是乐意的呀。

人生寻寻觅觅，但我至今对有特质的人，一见便成痴。

在我的心中，苏东坡不再是古人的名字，而是融合成来去自由的精神世界，宛若昭昭皎月润泽每一位努力活着的人。

有些人的性情会被风霜削去，但是他不会，苏先生最迷人的是性情与通达，我虽是女子，心里亦向往这样的气魄。

苏东坡的命运是有风雨起伏的，可我却看到一个有情人。很喜欢他对人生的态度，人生苦短，但我珍视此生，有一种甘苦自知又超然旷达的自在。

谁的人生不是起起伏伏呢，重要的是在起伏中保持向上的姿态。如今行走坐卧皆是匆匆，当我们心绪郁结时，就用一杯茶汤来化解吧。

【渡海帖】

离别前我们好好喝杯茶

那一年，他六十岁。

苏东坡被一道圣旨贬往儋州，虽然挂名"琼州别驾"的虚职，但是亲朋好友都知道这次怕是有去无回，就连他自己也认为此生"垂老投荒，无复生还之望"。

从蓬勃的青年，到骨肉渐松的老年，纵然被泼天的才华和性情托着，可到底被贬到当时人烟荒蛮的海南，大家怎能不替他叹惜呢？

只是到儋州无路可去，唯有渡海，此前他从没有渡海的经历。

苏东坡带着自己的小儿子苏过，一路跋山涉水。当时渡海是需乘舟在澄迈县的岸口登陆，再前往儋州赴任。

想起他写过的雪泥鸿爪，这四个字如同宿命。苏东坡一生南来北往如飞鸿，从密州、黄州、惠州直到儋州，被贬的这条路远得不能再远。

而瘴烟蛮荒的儋州，是个食无肉、病无药、居无室、出无友、冬无炭、夏无泉之地。他和儿子穷得只能住在儋州城东的一个道观里，实在饿了，就效法古人，吞食阳光果腹。

若是换成别人，早已是心灰意冷，暮气沉沉了吧。

可咱们的东坡先生，上一刻还垂头丧气说自己无生还之望，下一刻就唱和陶渊明,作诗赞美海上风光,身体力行地做到了"此心安处是吾乡"。

没有房子,他就和儿子一起动手用草叶搭起棚屋。

没有水喝,就动员岛上的人一起来打井。没有吟对的朋友,他在海南岛广收门生传经解道。即便食不果腹,他也能兴致冲冲约友人喝茶。

说到喝茶,就不免想到苏东坡写给赵梦得的《渡海帖》。

在海南三年,苏东坡会收到亲友寄来的好茶。有时得了私藏的名茶,他也会迫不及待与好友分享。

他曾写过《致赵梦得一札》,信中道:"旧藏龙焙,请来共尝。盖饮非其人,茶有语;闭门独啜心有愧。"

这封手札是苏东坡写给在海南结交的朋友赵梦得的,他们是一起啜茶的茶友。

信中意思是,我收藏了多年的极品好茶龙焙,约你来共品。此等好茶若不是遇到适合的饮茶人,这茶也会有怨言的。若我自己闭门独享,老夫可心生愧疚呢。

字字情真意切,一句独啜有愧,真让人感怀。可见这位友人赵梦得,在我们东坡先生心中的分量,真是珍重万分。

这个异乡的游吟客，已深谙人生乐趣之高妙。茶可随意泡之，可随心喝之，就是图一个心头的愉悦。

这些年他身边的人来来去去，而如今这样的夜，一杯茶、一位友，就足够了。

喝饱了茶，友人便踏了轻薄月光，一笑而归。

贰

苏东坡在海南约茶最多的便是至交赵梦得和学生姜唐佐。

他被贬到儋州时，经过澄迈县，得蒙赵梦得的热情招待，住在这位朋友的宅院里。

赵梦得很早就听过苏大学士的大名，对他早有仰慕之心。他对流落海南的东坡关照颇多，曾去往开封和成都专程看望东坡的家人，带去问候。

赵梦得能在他人生最低谷时给他无微不至的关怀，这让在海南举目无亲的苏东坡倍感慰藉。

对于这份真情，他记在心里了。时不时作书相送，以茶招饮，可谓知己。

苏东坡给赵梦得写了"赵"字相赠，又为赵家大院的一处亭子题写了"清斯"，另一处亭子题写了"舞琴"。还将自己抄录陶渊明、杜甫诗的书法和自己的诗稿相送。

信中提到的"龙焙"又是什么茶呢？

龙焙是北宋御茶，应该是他在朝为官时被皇帝赏赐得来的。苏东坡千里迢迢带到儋州，可见多么珍爱此茶。

更难得的是，他不是直接赠送诗作，而是很用心地在信中作了一个文字游戏："饮非其人茶有语，闭门独啜心有愧。"

他对人对物，最难得的不过用心二字，有好茶非得请赵梦得一同品饮不可。赵梦得如约而来，两人喝着龙焙御茶，那一刻想来身心都是舒坦坦的。

有些情意始终细水长流，如同喝到一泡好茶一样喜悦。

人生当波澜壮阔，有如出海寻仙，无论成与不成，应当畅快淋漓。对苏东坡而言更是如此，即便饭都没得吃了，也要体面地喝茶。

正如浮云的此生，谁都留不住，那就好好爱过，好好欣赏吧。

被贬儋州的第三年，六十三岁的苏东坡本已打算终老海南，就连身后事他都准备好了。

没想到新继位的宋徽宗下令诏书，命苏东坡从儋州调回廉州安置。这场意外遇赦，他自是百感交集。

接到诏书后，苏东坡整理行囊离开海南岛，在澄迈打算辞别友人。来时澄迈，去时澄迈，只因有一个挚友赵梦得。

即将离开海南岛，苏东坡很想与老友赵梦得再叙旧情，想着约定下次喝茶见面的时间。只是很可惜赵梦得不在家中，北行一直未归。

此番离去，也不知何年何月才能重逢相见。在与赵梦得相识的地方，苏东坡留下了这封深情款款的《渡海帖》：

轼将渡海，宿澄迈，承令子见访，知从者未归。又云，恐已到桂府。
若果尔，庶几得于海康相遇；不尔，则未知后会之期也。区区无他祷，
惟晚景宜倍万自爱耳。匆匆留此纸令子处，更不重封，不罪不罪。轼顿
首，梦得秘校阁下。六月十三日。

　　他絮絮嘱托着好友，不知何时再会，惟愿我们在生命的晚景中，加
倍万分地珍爱自己。写下此札之后，他交给赵梦得的儿子，准备第二次
渡海。

　　只是第二年，苏东坡便在赶赴廉州上任的途中逝世，他与赵梦得再
未得以相见。

叁

　　时隔几百年过去了，如今再看到这封书帖，依然能感受到当时他的
深情和未曾相见的遗憾。

　　两人皆为同道人，彼此像一束光相互照亮，却光而不耀，如同岁月
静水流深。

　　这些流芳千古的人，他所经历的那些茫然无着的时刻，也与我们常
人无异。

　　观其一生，苏东坡文武皆能，且著于实政。高成低亦就，胸怀可开
可合，虽一路流离却不改旷达。

　　无论被贬到何处，他都是有雨观雨，有风听风，笔墨酣畅且个性真
我。即便是身处南荒之地，即便九死一生，他依然静等内心锦绣喷薄而

出的那一刻。

我从来不喜欢暮气沉沉的人，就爱着东坡先生那股萧飒气和洒然。这股气不是狂荡，不是桀骜，而是对人对事不黏着，不执念，能自我安慰。

我喜欢魏晋的风骨，隋唐的侠义，宋朝的风雅，民国的清流。这个时代浮躁和诱惑总是太多，人能守好自己的"道"太难了。

世上又有多少人能得泼天富贵？人中龙凤本就少之又少。我们寻常人能照顾好自己和家人，有一颗对生活的热爱之心已是幸事。

此时写下这些字，窗外的桂花余香袅袅。这样的好花好天，正好让我脱身片刻，好好泡一壶茶。

亲爱的你，无论人生经历了什么，无论别人如何对待你，请如苏先生所言，定要"倍万自爱"。

【与姜唐佐秀才】

除了你无人可分享

苏东坡被贬到海南的第二年，一个叫姜唐佐的人慕名前来求学。

这人自备了粮食和书籍，从海口一路来到儋州，整整走了三百七十多里路，专程前来拜访。

姜唐佐先送上礼物，向苏东坡执中原拜师之礼。得到他的同意后，此人才正式登门拜师。

这让苏东坡有些惊讶，他没想到南荒之地的儋州，竟然有如此尊师重道的少年郎。

刚到这里时，他不由得悲从心来。乘着一叶孤舟到了这个荒凉之地海南岛，陪伴在身边的只有一子，自己的身体早已体弱多病，就连和骨肉情深的弟弟也不知是否还有重逢之日。

虽痛归痛，悲归悲，但苏东坡来时已发心愿，要代天子教化黎家百姓：老夫未必不能为儋州教出几位真正的读书人出来！

他自哀自怜之后，很快调整了心态，全身心投入到当地的人情风俗中。把海南岛当作自己的第二故乡，写了一首深情诗："我本儋耳氏，寄居西蜀州。"

苏东坡来海南后,他和周边的黎家百姓打成了一片,劝耕劝学,劝良劝善,整个岛上书声琅琅,弦歌四起。

再看到眼前的姜唐佐,谁还不曾是一个意气风发的少年郎呢?

古人拜师收徒,看重的是缘分,是学生的根器,这人是否品性纯良,是否好学多思。

收下姜唐佐之后,这位学生好学而聪颖,深得苏东坡的赏识。他时常向旁人称赞,想不到岛上还有这般出色的士子。

广袤天地间,何其有幸遇到交心的同道人。时日长了,俩人从谈诗歌赋到一起饮茶。昏昏灯火之下,俩人喝茶续了不知几泡几壶,谈诗不知疲倦,哪管今夕何夕。

人生长河里,人人都是舟行途中,谁没有受过一点风浪呢?但我们应当时时记得,一路走来那些美好的人手执烛光,将自己的平生照亮。

在众多门生中,姜唐佐深得他心。一日,姜唐佐到桄榔庵陪伴苏东坡谈诗到深夜才告辞。次日一早,就派人冒雨给苏先生送来一包好茶。

在当时的儋州,想得到好茶是多么不易,这让他甚为喜悦。想着这茶一定得和姜唐佐一起共饮,才不辜负此情此意。

一大早,雨霁天晴,苏东坡心情爽朗,这茶兴便也来了。他立即写了信笺派人送给姜唐佐,这便是《与姜唐佐秀才》:

今日雨霁，尤可喜。食已，当取天庆观乳泉，泼建茶之精者，念非君莫与共之。然早来市中无肉，当共啜菜饭耳。不嫌，可只今相过。某启上。

帖子上说，这般好的天气，真是喜悦。吃了饭，取用天庆观的乳泉水来烹茶，有精致的建盏来点茶，如此好茶，能一起共品尝的人，非你莫属呀。只是早市上买不到肉，我们只能吃些简略饭菜。若你不嫌弃，今日就过来吧。

可是，苏东坡的信帖刚送出没多久，官家的人就通知他当天有巡检要来，他不得不取消和姜唐佐的啜茶之约。

但他还是茶兴未消，又写了一笺："适写此简，得来示，知巡检有会，更不敢约请。会如果散早，可来啜茗否？酒面等承佳惠，感愧感愧。"

苏东坡在帖子里说，如果官府的人会见散得早，问学生还能过来一起啜茶否？

学生姜唐佐收到信帖后，派人送来好酒和面条，邀约先生明早一起吃早饭。到了次日早上，苏东坡依约前来。

他和姜唐佐一起饱餐一顿，吃茶品小吃，坐听细雨消食，枕雨而眠。茶香在身边飘来荡去，朝可入怀，夜可入梦。

赤心相对，彼此没有遮拦，生命中有几个坦诚相见的人儿，都是福报。

苏东坡对待茶的态度与酒完全不同。酒，他可以和任何人共饮，但对于茶，他就甚为讲究了。

酒有侠气，茶有静气。苏东坡对茶，如同君子的儒雅之风，因此只有配饮佳茗的君子才可以分享。

帖子里提到的"建茶"，即为建安茶。是苏东坡千里迢迢带至儋州的名茶，数量不多，那是他珍爱的"心头好"。

他亲书手札，约学生前来品珍藏的好茶。"除了你，无人可分享"，这

对姜唐佐是何等礼遇呀。

后来，姜唐佐在他这里住了半年，临别时请求苏东坡赠诗一首。

这位学生出身贫寒，可苏东坡相信他一定可以出人头地。于是苏东坡为姜唐佐的扇子题写了两句诗："沧海何曾断地脉，白袍端合破天荒。"这十四个字，含着横亘沧海的气魄。

等他写完后，姜唐佐问为何只题写了两句。苏东坡却说，待他自己的学问到了，看到更广阔的天下，诗自然就会完整了。

果然，姜唐佐没有辜负他的期望，北上赴试终于高中进士，这也是海南有史以来第一名进士。

只可惜等姜唐佐高中归来，恩师苏东坡已经离开了儋州，在北归途中病逝常州。

直到姜唐佐在汝阳遇见了恩师的弟弟苏辙，扇子上续诗之事便由苏辙完成。后两句他写的是"锦衣今日千人看，始信东坡眼力长"，那一刻姜唐佐泪洒纸扇，泣不成声。

想起曾经他与苏先生一起喝茶对饮的光景，那晚海上皓月，莹洁光明，俩人盼着以后年年都是好光景。

他一直在我的灵魂里长存。

东坡先生上能侍君，下能亲民，写诗绘画，种田锄草，无所不通。

或弹琴，或饮茶，或饮酒，或舞剑，他的身上有着泼泼洒洒的侠气。

哪怕被贬到荒芜人烟之地，他一个人也能扮作浪里艄公，或作那个千里白云一手招来之人，将肉身之苦化成了生命中的云淡风轻。

《与姜唐佐秀才》一帖中提到"当取天庆观乳泉"，让我想到了很美的画面：苏东坡到了海南，某日中夜起来，他拿着瓶子，独自往天庆观汲取甘美的泉水，如此潇洒飘然。

这篇不足百字的信札，寥寥数语却极其动人。从这篇帖中，我丝毫看不出文章宗师的派头，无论是馈赠还是答谢，他在意的是与志同道合者一起分享。

苏东坡像对待人生一样，对待递到手中的每一杯茶。正如人各有各的孤独和境遇，但要记得不同时光下陪伴自己的那些人的好。

很喜欢他对人生的态度：生命终将消逝，但我珍视此生。这样的妙人才是热气腾腾的，有生趣的，让我心有向往。

眼下正值深夜，手里的茶已过三巡，炉中香已燃尽，让我迤迤然想起那些出现的故人。

有一颗寻美的心才能抵御世间幻梦，但愿我们有自己的陶然自乐，每日醒来枕稳衾温。

【一夜帖】

寄茶以表歉意

夜晚窗前的月光像空山寂月，让人有渺远的悠长感。

年轻时那些呼朋唤友的相聚热闹已悄然过去了，现在身边大都是可以喝茶清谈的友人。

想起我们这一生能有人长情相对，共饮一杯茶的机会并不多，要加倍珍惜。

晚上独自一人喝夜茶，读苏东坡写给好友陈季常的《一夜帖》：

一夜寻黄居寀龙不获。方悟半月前是曹光州借去摹搨。更须一两月方取得。恐王君疑是翻悔。且告子细说与。缠取得。即纳去也。却寄团茶一饼与之。旌其好事也。轼白。季常。廿三日。

这是苏东坡被贬黄州时，写给朋友陈季常的信札。

帖中意思是说，自己找了一晚上黄居寀画的龙没找到，刚才想起来，原来是半个月前曹光州借去临摹了，这幅画可能要一两个月才能取回来。倒是担心您的朋友王君是不是怀疑我反悔了，不想把这幅画借给他，请你耐心把这个情况说给他听听。只要曹光州把这幅画还回来，我马上把这幅画借他。为了表示歉意，我这儿收藏了一饼特好的团茶，随信寄过来。送给你的朋友，以表示我对他喜好学习画画的赞赏。

这封信札中提到的团茶，是宋朝极为珍贵的官家贡品。他将珍爱的贡茶赠送给好友的朋友，这份心意非常珍贵。

陈季常的父亲是北宋名臣陈希亮，苏东坡年少时曾在他手下任过职。只因陈希亮为人刚正，不喜年少时太过飞扬的苏东坡，故而在朝堂上他曾有意挫其锋锐。

可陈季常却与父亲性格迥异，是个嗜酒弄剑的游侠。

他与陈季常相识于岐山。一日苏东坡行经此地，正遇到陈季常骑马射猎，一脸豪气干云的模样。

忽然前方飞起一只鹊鸟，随从没有射中，这时陈季常"怒马独出，一发得之"，一路啸歌而行，怡然自得。苏东坡瞬间就喜欢上了这位好侠超然的兄弟。

后来陈季常时常与他谈论用兵之道，拥毳衣炉火一起啜茶饮酒。那些日子如风来去，真是一段随性潇洒的光景。

之后苏东坡离开凤翔，此后两人二十多年未曾相见。

贰

时光只是不小心打了个盹，一晃忽至中年。

苏东坡因"乌台诗案"被贬黄州，正好路过一个叫歧亭的地方，看到有人骑着白马挥舞衣袖迎上来，原来是老友陈季常前来迎接他。

只是那个饮酒击剑的豪侠之士，却在荒山野岭上求佛问道起来，成为不问世事的方外之人。

陈季常见苏东坡冻得够呛，忙着张罗酒食，还叫上左邻右舍，一起赶鸭捉鹅，待他依旧侠骨热肠。

浩浩沉沉之良夜，一壶清茶，两人盈盈几段闲话。茶气氤氲，他坐着便睡了过去。

醒后即将天亮，苏东坡听到烧水的铜瓶在滋滋作响，他的心也跟着滋滋作响。他不是担心黄州太远，忧心的是黄州没有朋友相陪。

"乌台诗案"之后，很多人为避嫌与苏东坡减少了来往。这个歧亭之地，好友陈季常成了他的慰藉，后来这些温情之事被他写入了诗中。

刚被贬来时，苏东坡衣食无着。还好有陈季常在生活上资助他，缓解了在黄州的断炊之忧，这让刚经历牢狱之灾的他深感安慰。

古人说见信如晤，他们也算是见茶如晤吧。

苏东坡一有空就给朋友们写信，最后结尾通常是两个字"呵呵"。他"呵呵"的爽朗笑声，好像现在还能在耳边回响。

在人情冷暖的匆忙时光里，最难得的是互相记挂，幸而还有这些知

冷知热的人一起相伴。

一个人的精神世界里，总要有藏修息游之处。这里没有朝堂纷争，只有青山辽阔，只有至情至性。

在黄州的日子，苏东坡和陈季常一起聊天下棋，谈玄说佛，寄情山水，对一切事物都缓慢相待。

俩人互斟一杯热茶，不说话，一切都在茶里。世间的尽兴事并不多，那些言不能尽，说的就是对坐而饮的那些美意。

苏东坡曾说道："凡余在黄四年，三往见季常，而季常七来见余，盖相从百余日也。"

四年多时间里，俩人见过十次，朝夕相处百余天。晚年的陈季常本是隐世之人，能让他离开深山，大概只有东坡先生这样的老友了。

两人来往，并没有任何仕途上的互利，更多的是精神气质上的相投。苏东坡欣赏陈季常身上的霁月光风，陈季常喜欢他的文采粲然和率真坦荡。

他每往岐亭会友，必有诗赠陈季常。陈季常知道他来了，会让家人起炊造饭。陈季常知道苏东坡受不惯楚地的寒潮，每每早早备下好茶好酒，一来便赶紧让他喝下暖身。

后来他遇赦离开黄州，陈季常前去送他，一路从湖北黄州送到江西九江。后来两人常常互相探望，或是书信不断。

四年之后，苏东坡做到礼部尚书，成为京师显贵，距离宰相仅一步之遥。

那时陈季常千里迢迢跑到开封来看他，却没有一点求官的意思，和往常一样同苏东坡谈天说地。

他一生很少为人写传，但为陈季常写了《方山子传》。还为陈季常珍藏的画作题诗，写诗赞扬陈季常的为人，赠贡茶给陈季常。

苏东坡交友无数，但能入得他眼，与他秉性相投又掏心掏肺的人，也不过寥寥几人。

人与人的会意和懂得，在日光下开怀笑骂，面容展现的那股光明喜气，这都是生命的魅力，希望世间多一些天清地阔的清爽之人。

叁

喜欢心气正，交游广阔，内心有温润古意的人。这些人是朗月空阔，是松树苍劲，是溪水清流。

我想起春天在茶山看过梨花盛放，夏天在江南水乡和几位姑娘喝过果酒，秋天在山里的水边饮茶，冬天在雪中见过腊梅花。

那些不同时间相见的友人，都各有各的聚散离合，曾约好落花时节聚首，也不知能否饮茶再续一番旧梦呢？

记得《世说新语》中刘真长怀念隐士许玄度时，说过这样一句话："清风朗月，辄思玄度。"这八个字我一直梦寐不忘，也许自己所仰慕的正是这般清流襟怀吧。

无论行走了多远，总觉得心里住着一位逍遥女子。想寻一个幽静处和同道人一起弹琴煮茶，纵声谈笑，讲讲内心深处的话，畅快过后两两散去，再道珍重。

此时，心中有皎洁月光升起，要心怀珍重地过完这一生。

【次辩才韵诗帖】
来往亦风流

他饮过一盏龙井茶，一口鲜直入喉，仿佛整个人进了江南。

十八年前，苏东坡在灵隐寺上天竺，见到了一位瘦长如鹳鹄，碧眼照山谷的隐僧，自此清凉入心。

他从不把辩才禅师只当作禅师，也不在意禅师年纪多大，就决定交这个朋友。一会儿去禅房找他喝茶，一会儿失眠找他谈心，又或是带着儿子找他看病，无聊时也会互相斗斗嘴。

他们每每相见，苏东坡总记得有吹过鬓边的风，飘过身边的桃花，以及一盏青翠香雅的龙井茶相待。

龙井茶是辩才禅师送来的，一起送来的还有一张帖，那是禅师的亲笔赠诗。友人的诗如俩人面面而谈，有击节称妙的快意。

他们都是好茶之人，这茶是辩才禅师用谷雨前摘下的茶叶烘焙，再用龙井泉水泡制，一杯清香绿茶滋润了他的心扉，满身花雨又归来。

他深知禅师在红尘与空门的几十年间怎能尽是清寂安宁，分明将生之孤苦咀嚼了个遍，发愿慈悲而行，做伏石而流的清泉。

窗前西湖的树叶落入了湖水，好似苏东坡的心一如过往。他坐在案前写下了这张温暖的手札。

辩才老师退居龙井，不复出入。轼往见之。常出至风篁岭，左右惊曰："远公复过虎溪矣！"辩才笑曰："杜子美不云乎，'与子成二老，来往亦风流'！"因作亭岭上，名之曰"过溪"，亦曰"二老"。

谨次辩才韵，赋诗一首。眉山苏轼上。日月转双毂，古今同一丘。惟此鹤骨老，凛然不知秋。去住两无碍，天人争

挽留。去如龙出山，雷雨卷潭湫。来如珠还浦，鱼鳖争骈头。此生暂寄寓，常恐名实浮。我比陶令愧，师为远公优。送我还过溪，溪水当逆流。聊使此人山，永记二老游。大千在掌握，宁有离别忧。元祐五年，十二月十九日。

苏东坡写完这张帖子，让书童给辩才禅师送去，还带些好礼相赠。他和辩才禅师约定，等到来年春天，一定邀请他到疏浚后的西湖畔一起看桃花。

他的字帖吸收了大地的灵气，还浸入了生活的苦涩。云淡风轻的信札背后，仿若一个个久未逢面的故人，正缓缓走来。

苏东坡是儒也不彻底，道也不彻底，佛也不彻底，但他将儒释道化为草木里的一株新鲜茶芽，有了天地雨露的灵性，更有侍茶人唤醒起来的生机。

写一封帖如赴一场茶约。他想问问禅师，可曾闻到了龙井茶的清芬？也不知他是否别来无恙？

十八年后的苏东坡，再次回到杭州时，辩才禅师已然退隐。

回到江南后，他还是忘不了之前的习惯，午餐是一碗长寿面，一盘东坡肉，少不了那一杯龙井茶。

辩才禅师住在西湖边的龙井寺，他发现这里泉若甘露，云雾缭绕，是种植茶叶的福地。便带着僧人开山种树，开辟茶园，从此世上便有了龙井茶。

去往龙井寺的山路不好走，每回有客人来访，辩才禅师都坚守自定的规矩：殿上闲谈不超三炷香的时辰；山门送客最远不过虎溪的距离。

不过有一次，他对苏东坡倒是破了这个规矩，谁让他们是一对如兄如友的忘年交呢。

那是苏东坡被朝廷诏回任吏部尚书，即将离开杭州之时。他去龙井寺拜别辩才禅师，两人喝茶聊得太晚，不知觉已是月上柳梢头。当晚他便夜宿在龙井寺。

那晚的禅房烛火摇曳，窗外有明月惊鸿照影，他和禅师定是轮杯满饮，酣然而睡。

次日清晨，辩才禅师送苏东坡下山，一路谈笑，不觉忘了时辰。辩才禅师一送就送过了虎溪，小沙弥连忙提醒禅师已经破了规矩。

辩才禅师一生奉佛，但对知心人做不到心如止水。他话锋一转，吟诵了一句杜甫的诗，说他和苏东坡是"与子成二老，来往亦风流"。

他们忘年交游，除了惺惺相惜，还有许多牵挂与惦念。这一世能结成兄弟，相互你来我往，那也是如魏晋名士一样风流。

晚年的苏东坡在海边坐到了夕照铺满，离去时抖落一身衣袍，那袍子里居然有桃花的香味。

儋州和杭州相隔万水之遥，隔着绿苔新泥，隔着马蹄疾，还隔着那个西湖边一起喝茶的僧人。

这些人，这些情，如隔世的风景，远远地向苏东坡走来。也不知那个赠龙井茶的辩才禅师又去哪儿云游了呢？

只希望禅师相赠的龙井茶，能替他挡住渡海北归一路的寒风吧。

【新岁展庆帖】
富也风雅　穷也风雅

壹

　　我于尘埃深处打开了一只木匣，里面是一封他写给友人的书帖。

　　正月初二那天，苏东坡写信向陈季常借了一个茶臼。他借茶臼竟然是想让铜匠依葫芦画瓢，做一件铜质茶臼。

　　这是苏东坡被贬黄州的第二年，他刚得了几垄荒地，准备建造新居东坡雪堂，得知好友要来黄州，他写了一封书札《新岁展庆帖》，邀约老友陈季常也一同过来游玩。

　　轼启：新岁未获展庆，祝颂无穷。稍晴，起居何如？数日起造必有涯。何日果可入城。昨日得公择书，过上元乃行，计月末间到此。

　　公亦以此时来，如何如何？窃计上元起造尚未毕工，轼亦自不出，无缘奉陪夜游也。沙枋画笼，旦夕附陈隆船去次。

　　今先附扶劣膏去。此中有一铸铜匠，欲借所收建州木茶臼子并椎，试令依样造看。兼适有闽中人便，或令看过，因往彼买一副也。

　　乞暂付去人，专爱护，便纳上。余寒更乞保重，冗中恕不谨，轼再拜。季常先生丈阁下。正月二日。

　　另纸行书：子由亦曾言，方子明者，他亦不甚怪也。得非柳中舍已到家言之乎，未及奉慰疏，且告伸意，伸意。

柳丈昨得书，人还即奉谢次。知壁画已坏了，不须快怅。但顿着润笔新屋下，不愁无好画也。

帖子上说，新年未能致贺，祝一切安好。最近天气晴朗一些了，您的起居饮食怎么样？身体可还安康？这几天我的雪堂就要开始建造了，你什么时候来黄州看我呀？

昨天我还收到了故友李公择的信，他说过完元宵节就来黄州，差不多月底就到我这儿了，您也可以这个时候来，这样我们三人就能一起游玩了，好不好？

我估计元宵节房子开始动工，应该月底还没有完工吧，我脱不开身，也没有缘分陪你们夜游长江了。

正巧我有一个上好的沙枋木雕鸟笼，趁陈隆的船给你带去。这次随信给你寄一些扶劣膏调养身体。

我这儿有个铸铜匠，想借一下你收藏的福建木质的茶臼子和茶锥，试着让铜匠照着样子做一个铜的茶臼。如果你那里恰好有福建人回老家，或者让他看一看这套茶具，请他回福建给我买一套也行。但是我还是请

求您，暂且先把您这套茶臼子和茶锥交给我派来的人，我会非常爱护这套茶具，用完定当奉还。

天气还是很冷，希望您千万爱惜身体。请原谅我这封信写得匆忙，再次向您问安。

对了，我弟弟苏子由之前说过，他不怎么怪方子明了。不知道柳中舍回家有没有说这个事。我没有来得及拜会他，这是我的疏忽。暂且请您转告我对他的致意。柳老昨天收到信了，等送信的人回来，我再感谢他。

听闻您家中的画损坏了，这不用发愁，只需要把画画人的润笔钱准备好，等我的新房子盖好了，我将为您奉上一壁好画。

帖子按我们的说法就是：新房子快造好了，红灯笼也画好了，你也过来聚聚，正好把茶具借我一用吧。

这封字帖挺有意思，原来苏东坡也有着自己的小心思。他在陈季常那里见过这副茶臼，从此念念不忘。

什么你不来看看我？什么送扶劣膏，其实是借着送礼物找个由头，说要邀请老友来玩，就是想借陈季常的茶臼。他又不好意思夺人所爱，便随信差人去借，想必友人也不好不借吧。

被贬又如何？苏东坡还是照样过年、相聚、造屋、养鸟、喝茶。他是富也风雅，穷也风雅。

帖子里的松弛感，让我们仿佛也跟着他度过了一个春光潋滟的假日。

苏先生若活在今朝，他是文人雅士里最好的茶器手艺人。

连一个茶臼都如此上心，世上也无人再像他一样爱茶了。无论是寒炉夜长，还是茶烟暮雨，轻捣茶臼是他心中的明月流光。

宋代点茶茶具，一共有茶盏、盏托、汤瓶、茶臼等十二件器物，南宋的审安老人称它们为"十二先生"。有了名称，它们不再是冰冷的茶具，而是如名士风雅。

茶臼子，是宋人研茶末用的茶具，雅称隔竹居士，又称木待制。宋人点茶是用茶臼研成茶粉，斟一匙沸水调成膏泥，再用茶筅搅拂茶汤。

一个茶臼，传递的是共叙衷情，是见茶具如见人的暖暖寸心。

苏东坡和陈季常从少年相携至暮年。他在黄州四年，陈季常多次来看望，他们一起吟诗赏画，也曾相约买地买房，一起出诗集挣润笔费。

苏先生和那些只躲在书斋中作诗的人不同，他从东京狼狈而来，走到黄州已属不易，好在茶为他挡寒疗饥，故人为他雪中送炭。

在命运的逆流之中，他如书札一样活着，偶尔摆个正经，有时打趣一下。穷的时候是个粗粮细糠的俗人，文雅起来美得不像话。

我很偏爱古人的书札，不必正襟危坐，也不拘泥书法里的章法。只要提起笔，蘸上墨，想到什么就写什么，所以光彩照人。

你看苏先生这幅字帖，用到一些谦辞，看上去语气谦恭。可看他的字，却是不正经的絮叨。给最贴心的人写信，哪有那么多讲究呢，肆无忌惮多好。

这些借茶臼子的信，找画的信，还有吊唁兄长的信，陈季常都珍而重之的将它们留了起来。正如总有那么几个人，在漫长乏味的岁月里留了下来一样。

古人的小札，才是这个人最真实的性情体现，让今朝的我们，看到一个怀质抱真音容栩栩的苏先生。

【兔毫盏】

我欲上蓬莱

一天里最欢喜的，就是深夜读书喝茶的时辰了。

白日里将应承担的尽力去承担，到了夜里空出身心来观照自己。待家人安眠后，这时天、地、人皆安静。

友人送我一个建盏，平日里用得少，总觉得用它喝茶沉重了些。倒是在这个有明月的夜晚，忽有兴致拿它出来饮茶。

窗外月光如银，茶室里烛光微微，倒入茶汤在建盏中。斑纹如星月闪耀，有潮起生澜，夜月飞鸟的意境，此刻我怦然心动。

原来建盏的美，是藏在月色里。

我终于懂得了他为何痴爱兔毫盏，这是天地器物一刹那的契合，有一瞬又永恒的浪漫。

　　东坡先生的这首诗《水调歌头·尝问大冶乞桃花茶》是为兔毫盏发声，更是他浩然性情的释放。

　　已过几番雨，前夜一声雷。旗枪争战，建溪春色占先魁。采取枝头雀舌，带露和烟捣碎，结就紫云堆。轻动黄金碾，飞起绿尘埃。

　　老龙团，真凤髓，点将来。兔毫盏里，霎时滋味舌头回。唤醒青州从事，战退睡魔百万，梦不到阳台。两腋清风起，我欲上蓬莱。

　　写这首诗的时候，苏东坡被贬到黄州。一大家子几乎是食不果腹，好在他当地的朋友肝胆仗义，给他找了几十亩荒地。

　　苏东坡把这片荒地开垦出来，种花种菜，怡然自得，还盖了一间草庐，取名为东坡雪堂，称自己为东坡居士。

　　在黄州他虽然苦闷，但一点儿也不耽误对茶事的热爱。

听闻附近的桃花茶不错，为了能喝到好茶，苏东坡不辞百里去大冶讨来了茶种，种在雪堂边。

这首诗的意思是说，春天下过几场雨，前一夜打过一阵惊雷。建溪的茶山上有茶芽生长，在春天里占得先机。

茶人把枝头上的嫩叶采下来，带着新鲜的雨露和云雾揉捻，制作成紫云般的茶饼，轻轻摇动茶碾，溅起绿色的茶粉。

不管是陈年的龙团茶，还是真凤髓，选中一款茶饮下。美妙的茶汤盛在珍爱的兔毫盏里，瞬间唇齿留香，不断回荡在舌尖。

兔毫盏里的香气，顿然把"青州从事"这款酒唤醒。整个人疲乏全无，只觉得两腋下清风吹起，就像茶仙卢仝一样飘飘欲仙，欲飞升蓬莱仙境。

读着这诗，真是格外惊鸿，如同忽逢路转见到心中期待的故人。尤其这句"两腋清风起，我欲上蓬莱"，仿佛灵魂欲飞翔，已然腾空而起。

和茶长相守的感觉真好，仿佛饮尽一盏就恢复了天地灵力，东坡先生还真是可爱得很。

是啊，唯有眼前这杯茶，恨不能与它秉烛夜谈，哪里还记得烦恼呢。

贰

宋人好点茶，也好斗茶。或坐于溪泉亭下，或山林卧游，每一缕茶烟都生出了春风的气息。

建盏被茶人视作珍宝，每一个皆是孤品。建盏釉色丰富，隐秘闪耀着点点星斑，最妙之处在于它身上有许多花纹，故以兔毫盏最为盛名。

苏东坡是点茶高手，喜爱用兔毫盏点茶。他喜欢它的色泽绀黑，形状犹如兔子身上的毫毛，兔毫与汤色遥相呼应，更能衬托点茶时白色的汤花。

他在杭州任知州时，约友人前去西湖，在湖光山色中饮茶观风。当时南山净慈寺的南屏谦师得知他要来，立刻赶来相见。

苏东坡坐在对面，静静看他气定神闲地注水、调膏，手执茶筅，旋转击拂，茶沫与茶汤交融，轻扬起袅袅茶烟。

他双手举起茶盏，只见茶汤泛起细腻的乳白泡沫，饮完回味良久。这盏用兔毫盏点的茶，不仅是这位茶道禅师隆重的待友礼仪，更是同好之间的相投相惜。

苏东坡惊喜称赞，说南屏谦师是"点茶三昧手"，情到深处当场作诗《送南屏谦师》。诗中写道"忽惊午盏兔毛斑，打作春瓮鹅儿酒"，说建盏里的兔毫都被茶汤惊动，霎时鲜活起来，以此感谢南屏谦师为他亲自盛茶。

好茶还得好器相配。每一个茶盏都有自己的性情，更是器与手艺人内心共同的修炼。

兔毫盏乍眼看如一个山中老翁，有几分土气，大多数人可能扫一眼就略过了。但当我们阅尽无数人心之后，会发觉它的珍贵在于它的自然古朴，有一种如如不动的禅风。

想起老子曾说"朴素而天下莫能与之争"的美，也难怪连宋徽宗这样的风雅皇帝也视建盏如随珠荆玉了。

兔毫盏在我眼中，如同一位韬光韫玉的隐者。看似波澜不惊，但与之深交相待，始终泰然自若，又有些余韵悠长。

它在岁月中抱朴拥真，何尝不是对质朴和谦逊的一种缅怀，这才是生命真实的底色。

茶的故事里，藏着自然的舒展姿态。我们安放好自己，让那些美物化成柔间的铿锵内劲。

【饮茶三绝】

茶美水美 壶也要美

🀄 壹

他的快乐，是内心与山水的应答。

苏东坡几起几落，可也算是因祸得福，一路尝尽溪茶与山茗。杭州的白云茶、绍兴的日铸雪芽、四川涪州的月兔茶、江西分宁的双井茶，他皆有所尝。

邀友待客写茶帖，路途遥遥讨茶喝，或是生病奉茶为药，茶陪伴了他的一生。在一盏茶汤里，有他的浅酌与徘徊，更有他的快意和阑珊。

苏东坡每到一处，对饮茶十分讲究。凡有名茶佳泉，都要亲自前往汲水煎茶，对茶叶、水质、器具、煎法精心对待。

有一年，苏东坡谪居宜兴蜀山讲学时，曾提到"饮茶三绝"，即阳羡唐贡茶、金沙泉水、紫砂壶，三者缺一不饮。

在宜兴途中，他见到山坡上满是葱葱郁然的茶树，问过友人得知，唐朝时的"阳羡贡茶"便产于此处。

苏东坡曾四次到过宜兴，到处对朋友说自己想"买地阳羡，种橘养老"，还留下了"雪芽我为求阳羡"的咏茶名句。

饮茶须好水，苏东坡对山泉水情有独钟。煮水的灵魂在于活火烹活水，茶汤清香甘活，才能久饮不腻。

活水也代表了他的精神内核。无论前路如何，此生也要如同活水般流动奔涌。

古人烹茶用水很讲究温度，有"虾眼""蟹眼""鱼目""涌泉连珠""腾波鼓浪"之说。

苏东坡是候汤高手，这点他早已一语道尽："蟹眼已过鱼眼生，飕飕欲作松风鸣。"他的经验是初沸时泛起小气泡时最好，这时立马提壶取水，最能激活茶的香气。煮沸过度就成了"老水"，会失去茶汤的鲜美。

煮茶的壶呢，他说"铜腥铁涩不宜泉"，金属的茶壶不宜烧水，自然得用紫砂壶，后来苏东坡还亲自设计了一种提梁壶。

无论是松涛茶沸还是诗词吟诵，他一直用生命去感知山水带来的闲情。一方茶席便是天地，山林莽莽苍苍的气息从这里传来。

苏东坡看着炭火哔哔剥剥地响，听着铁壶水沸如松鸣。这时，他轻啜一口茶，仿若雨濯春尘，此时此刻身无所缚。

古人说人生有四大喜事，可在苏东坡眼中，良辰美景奈何天，赏心乐事有十六件。好像不管在哪里，他都能得到一种不曾体验过的美。

山河最容易牵引出内心的那份至情至性。苏东坡写过赤壁石，但他的心里并没有樯橹灰飞烟灭，这块赤壁石立在那里任风呼啸，他也就此落地生根。

苏东坡一直在不断失去，丧母，丧妻，丧父，大半生颠簸在被贬谪的路上。可他却在这些闲情乐事中寻得一点温柔，一点坚韧和一点胆色。

庙堂失意又如何呢？他早已超越荣辱，化为大鹏徜徉在大山大水里，整个生命熔炼出宋瓷般的光泽。

茶需要真心才能相通，他喜欢茶汤里的悠悠生气，这样才能快快活活往前走，去往那悠悠天地间。

无论是良辰独饮，还是寒宵兀坐，这碗茶里有他的冰壶秋月，我们旁人汲取点滴已是受用不尽。

贰

我想象中的东坡先生，是一位头戴竹笠，坐在溪水处，一边炭火砂铫煮水，一边摇扇不亦快哉的人。

都说苏东坡旷达，其实他每经历一次贬谪，一开始的心境和我们这些人差不多，也曾灰心丧气，也曾抑郁悲愤。

所以当他披星戴月赶路时，到了某处便停下来歇脚，茶正好成了他的温柔乡。喝起茶来，消除了一身疲惫，让他忘记世间还有困苦和人心争斗。

苏东坡是诗词歌赋、画艺、厨艺的全才，不是烹肉事茶，就是雅集论道。加上很有生活品味和情趣，天下交友甚广，为人心意豁达。

他的情趣里，带着点逍遥，带着点孩子气的自得其乐，也带着点沉浮世间各色阅历的烟火生气。

苏东坡是宋朝古画里晕染出来的一滴浓墨，那画里有山花换茶酒，有雪堂春之梦。但这滴浓墨不想把大宋的卷轴弄花弄乱，他耐心地把这滴墨的飘动按住，才有了这幅一蓑烟雨图。

从苏东坡的身上，我们每个人都能找到心灵的回响。无论是诗词还是他的生活态度，我们可凭此想起他的深情，感受他落落风华的神采。

他知晓这人间的底色，选择一叶轻舟寄此身。茶不仅让他平和静气，更能让他逆流而上，携他到达上游的清冽处。

如今要想遇到一个如苏先生，无论成败得失，还能这般沉着痛快的人，只怕是不容易了。

【汲江煎茶】

活水还需活火烹

古人的茶道，在于山野与韵味。

松竹泉石之下，约上朋友烹食佐茶，用活水煮沸。当我们喝到了称心的茶，那股心劲也起来了，如同青山归来。

要说对茶事爱到极致，还得数东坡先生。

前半生他是学士，诗词文章冠绝当朝，书画自成一体，更是和僧人参禅谈佛。后半生他是居士，种田种菜、酿酒做美食不说，研究茶道更是如痴如迷。

长年的贬谪生活，为他提供了品尝各地名茶的机会，也让他在冷暖时保有一腔向上飞扬的心襟。

这样的性情气度融入他的茶事
中，让他成为北宋的点茶大家。

不管被贬到哪里，苏东坡一路
沿途结交茶人，收藏心仪的好茶。
更多的是在溪山泉水处，烹茶与天
地同饮，这是一种自重自惜，爱物
爱天地的活法。

我最喜爱他的这首《汲江煎
茶》：活水还须活火烹，自临钓石
取深清。大瓢贮月归春瓮，小杓分
江入夜瓶。雪乳已翻煎处脚，松风
忽作泻时声。枯肠未易禁三碗，坐听荒城长短更。

单单一句"活水还须活火烹"，就让我们这些茶客还没喝到茶，心
念便先为之一动。好似千里奔波，就为了喝上一口好水。

宋朝饮茶有"茶须缓火炙，活火烹"的说法，宋人对茶事美学的追
求，丝毫不逊于今天的我们。

事实上，许多宋朝文人可称为茶人雅客，他们对茶有足够的敬畏
与尊重。

好茶须用好水，此水非山泉水不可。不然，纵有好茶亦不得入味，
而"活火"得为炭火，方能保持泉水的生鲜气息。

煮水是茶事的根源。茶席上的"火"力要烧得旺旺的，得和烟火人

家的灶火炊烟一样，断不能冷冷清清。

从泡茶时的取水，到喝完后的余韵，可见泡茶在于一个"活"字。当茶鲜、泉甘、器美、境幽，侍茶人，这些都恰好到了最好状态，这杯茶便有了它的灵魂。

一杯茶汤里，更是融入了古人礼节、文人涵养、气度风骨，道尽了茶道的幽微。

此种感觉，喝过一次便令人朝思暮想。

写这首诗的时候，苏东坡正谪居儋州，一路过得像个苦行僧，又像野人。

刚来时他连饭也吃不上，只好到荒地里挖野菜，为了能吃下去，苏东坡把那些野草夸成延年益寿的美味。整个人瘦骨伶仃，还自嘲说自己身轻如燕，可以骑在鸟背上飞回家了。

一个男人半生失意到最低谷，在旁人看来，定是满腹心酸吧？可他很快将心酸咽了下去，自顾自且行他的乐，且喝他的茶。

那晚江风清劲，朗月高悬，月影倒映在江水中。苏东坡一个人心无余事，拿上大瓢和水瓮，亲自到钓石处取水煎茶。

他看到月华流溢，江水与明月两两辉映，映照出人间清美。真是万千妄念且抛去，落得一身清凉。

　　苏东坡用大瓢舀水，明月也随之舀到了水瓮中。那一刻他想起曾经的壮志凌云，仿佛明月山河都在怀中，取一瓢江水而饮，便能天清气朗。

　　趁着这样的雅兴，苏东坡一路踩着月光，翩翩飘然而归。仿佛是御风而行的逍遥者，颇有些"与天地精神之往来"的意味。

　　待他回到槟榔庵，先用小勺把江水装入壶中，这一壶便储藏了月色和江流。你瞧瞧，被贬儋州本是囚徒一样的生活，可先生却过成仙人一般的日子。

他起身烧了炭火，看茶叶在水中翻涌，水面泛起雪白茶沫。煮沸时茶沫在翻腾漂浮，茶汤声飕飕作响，犹如松风和鸣。

苏东坡不顾空腹，连喝了三大碗。那一刻他与天地同流，就连内心里经年累月的愁闷，也变得荡气回肠。

这口热茶使他活得长歌能吟，长夜可行。粗茶淡饭没关系，朋友散场也没关系，大道微尘在这一碗甘苦共存的茶汤里。

喝完茶，他久久不能入睡，静坐在春夜里。眼前好似山花树影，青苔幽涧纷沓而来。一夜无眠，他听着儋州荒城里传来的报更声。

这首诗从汲水、舀水、煮茶、斟茶、喝茶到听更，写得气势奔放。以月色为茶饮，注清江水入瓶，想象奇特。很难想象如此才思竟从一位屡遭贬谪，头发花白的老翁笔下而出。

苏东坡知道，活在心里的诗仍然蓬勃着，它们没有随年岁而枯萎，也没有随肉身而疲惫，只要诗意还在心里活着，万事万物都是生机盎然。

这世间之美与好物皆为天赐，纵然不能一直拥有，也不可辜负。一个人把自己的心养好，才能修炼成这般浑然天成的旷达之身吧。

每次看到苏东坡吃茶的故事，我是又心疼又安慰。心疼他垂垂老者半生羁旅，安慰的是他这一路走得坦荡豁达。

他爱人世间的繁花似锦，也有勇气承担漂泊沉浮，不过是"乐天知命，故不忧"。

人生苦短，让我们趁着这口热乎劲喝一口暖茶，在每天的微尘中见到那束光。

【东坡壶】

松风竹炉 提壶相呼

壹

他爱自己的一大方式就是品茶。

苏东坡是食也过瘾，酒也过瘾，唯独茶不过瘾。喝完后定会大袖一甩转身离去，仿佛那些风尘苦旅被自己一饮而尽。

要说品茶的仪式感和意境，非苏东坡不可。你瞧他对煮茶器具，得讲究美感，这茶器要耐得住端详，经得起品味。

宋人好斗茶，自然离不开茶器。银器执壶，石铫煮水，这是宋人饮茶的标配，石铫就是现在紫砂壶型的最早来源。

茶器具除了实用和清美，恰与文人心境契合，在每个朝代都被赋予了礼仪的意味。

宋人诗词中，写到不少"提壶"，什么"春昼提壶饮""林下提壶招客醉"之类。不过最初的茶壶由酒壶代替，称为茶瓶，或是执壶。

痴迷茶事的苏大学士怎能没有一套精美的茶器呢？

苏东坡去蜀山讲学，听闻此地盛产有名的唐贡茶，又有金沙泉好水，当地人喜欢用一种有柄有钮的小烹器煮茶。

宋朝并没有提梁壶一说，一般用茶铫或石铫，用于煮水点茶。

他去了蜀山宜兴之后，见得小烹器太小，泡一次茶都不够喝几杯的，于是想把这石铫改良一下。

民间流传他以煮茶的石铫为原型，让书童买来上好的天青泥和工具，对着小书童提着的灯笼样子为灵感，照着屋梁的样子做茶壶，并用枯树形状做的把手。

好友周穜听闻他设计了一把壶，就找工匠仿照苏东坡设计的梅花石铫壶，精心制作了出来，并亲自上门送给他。

苏东坡得到了这把石铫壶非常喜悦，作了一首诗《次韵周穜惠石铫》给周穜，以表谢意。无论走到哪里，他都要把此壶带着煮茶。

这款石铫壶被后人称为提梁壶，民间相传壶上的"松风竹炉，提壶相呼"逸文为苏东坡所作。

周穜送给苏东坡的石铫壶几经流转，已经流失到民间。直到清朝晚

期，被大画家尤荫所得，他依着苏东坡这款石铫壶描摹了一幅《梅花石铫图》。

后来缘于尤荫这幅画被清代艺术家陈鸿寿收藏。他怀着对苏东坡先生的敬仰之情，进行仿制和创新，以他为名制作了世人闻名的"东坡提梁壶"。

苏东坡一生流离，可他用茶事放大了风雅姿态。这种势态是传统文化优雅的一面，是理想文人气质的体现。

他把它具象地展现出来，茶器被苏东坡当作君子相交，对器物的审美只是表面，内层的热情才是支撑。哪怕只有一瞬，那股穿透力就能呈现出生命的美妙光辉。

对人痴，难免变化无常，对物痴，更能守住本心。像苏先生做个这般痴儿，其实也挺好。

让我们怀念的，是他这点灵光始终悄然独存。

宋朝文人，对茶表达了足够的敬畏与尊重。他们博学广思，最终将人生智慧倾注在茶和器之上。

饮茶离不开茶器，它是一个人的精神寄托，蕴含着背后这个人的志趣以及精气神。

特别是在雪夜里，想寻找偎着红泥小火炉的好去处。松下童子正在备茶，扑噜噜地煮着一壶茶，拂荡尘世间的哀愁。

或独自一人，或邀朋伴友，备好茶具后，开始提壶注水，仿佛溪涧从松风中奔鸣而落。饮尽一杯茶，好似身体融进郁郁翠翠的山岚里，一路的仆仆风尘被涤荡开。

苏东坡偏爱在名山佳泉边饮茶，他从没有停止过寻茶的脚步，坚持自己饮茶的个性，身体力行地表达对天地万物的敬意。

什么忧患，什么安乐，什么庙堂，什么江湖。且先饮一杯茶吧，尝上一口足以抵他迢迢千里跋涉之苦。

烹茶时，他进入一种忘我的状态。知道什么时候该收，什么时候该停，纯然享受这个美妙的天地。

东坡先生虽遭逢仕途之难，可他却在山间手执竹杖，内心飞扬浩荡，穿着芒鞋一路山林啸歌。

这股炉火的暖意，用壶煮的泉水，即使隔了数百年，还是会携伴着那股山野气扑面而来，让现在的我们陶然而醉。

苏东坡是那个拾花酿春的人，即便人世茫茫，看不见来路。可他却在茗烟竹炉中，身心沉醺，得一碗茶汤的真实宽慰。

苏先生喝茶是炉火烤云月，茶汤养性情。看似狂饮浪醉，涤涌如江水，却也沉下心来去承担。人世间就是最好的悟道场。

"坐客皆可人，鼎器手自洁。"吟着他的这首诗，我全然沉浸其中，仿佛自己是当年明月下和他对饮的那个人。

【种桃花茶】

人生如寄亦如茶

他是一个对花闲饮，灵妙有趣的人。

被贬黄州时，苏东坡为团练副使，俸禄微薄，不足以安顿一家温饱。起初借住在一家寺庙，后来一家人才搬到了城南临皋。

所幸黄州一位书生替他向官府申请来一块荒地，供他开垦耕种。苏东坡亲自耕种，才稍解眼前的燃眉之急。

后来他在此处修了一所房屋，建成时天降大雪，苏东坡便在墙上画雪景，亲笔题写了匾额"东坡雪堂"，过上了如田园诗人陶潜般的生活。

雪堂遍植树木花果，前有细柳，后有梅花，堂后种桑、种麦、种橘桃。周围栽满墨竹，自凿一浚井，西侧还有一泓微泉，一眼望去灼灼繁花，烟烟霞霞。

苏东坡是个嗜茶如命的人，怎能不种茶树呢？

听闻桃花寺有甘泉好水，还有桃花茶。苏东坡一路扁舟草履，行游到了大冶大茗山，来到山中的桃花寺。

山中清冷，他不免得了风寒，便向寺中僧人讨杯热茶吃。禅师给了他一杯桃花茶，苏东坡喝完顿觉整个人清香满怀，那是一种跋山涉水之后的心怡。

他问禅师此茶为何如此清香可口，禅师说寺院后山有高山桃花尖，山气葱郁，自古有野茶漫生。只要将茶采回来加工之后，用本寺的泉水冲泡即是一绝。

苏东坡听闻就赶去了后山，见到那颜色翠碧的遍山茶树，不胜欣喜。看了茶树还不够，他又去饮了寺里的泉水，那水真是清冽甘美。

天地和茶山的气息新鲜可人，如同生命力的觉醒。苏东坡忘却了饥寒，一瞬间被茶给唤醒了，饮完后只觉得此生足矣。

于是他向禅师讨一棵桃花茶苗，想带回雪堂去栽。禅师应允后还亲自派人把他送到了黄州。

正是和桃花寺有此等因缘，苏东坡写下了这首诗《问大冶长老乞桃花茶栽东坡》：

周诗记茶苦，茗饮出近世。初缘厌粱肉，假此雪昏滞。嗟我五亩园，

桑麦苦蒙翳。不令寸地闲，更乞茶子艺。饥寒未知免，
已作太饱计。

庶将通有无，农末不相戾。春来冻地裂，紫笋森
已锐。牛羊烦呵叱，筐筥未敢睨。江南老道人，齿发日
夜逝。他年雪堂品，空记桃花裔。

诗中说，他选择了一个春雨如油的好时节，将桃
花茶移到了自己的雪堂园子里，连日春雨滋润，在他细
心呵护下，老茶树恢复生长，枝繁叶茂。

苏东坡想起当年的陶渊明，也是自耕自种。曾经
的斜川，想必是他生活的黄州，而自己说不定就是陶渊
明转世吧。他年在雪堂中喝到自己种下的茶，他是不会忘记桃花寺的高
僧赠送桃花茶树的情缘的。

诗中末尾点题自怜，他以老道人自比，这份乞茶之情和品茶念想，
真是赤诚拳拳可见。

从此前半生的苏轼，与自己的心坦荡对坐，化成了可爱的坡仙。

我总是羡慕他，这一生总有可期待的美事。

天晴时看山望春，天暖时写帖约茶，天寒时烹茶吟诗，一路被贬也
一路飘飘然安享大美之乐。

刚到黄州，他是幽人，又似孤鸿。最初住在定慧院，这是一间寺庙闲置的陋室，成了他的容身之所。

后来在友人的帮助下，他移居到黄州江边的临皋亭。这里相对宽敞了些，只是到了夏日暑热难当，对他来说不算难熬，但住着一大家子就显得太过清苦了。

苏东坡时常一个人跑到江边，望着江水发呆，想着乘一叶轻舟任意自流。他当时的心情，或许像悠悠江水，心里泛起烟波。

我们的坡仙一直有朋友相助，这才有了东坡良田，有屋有粮，他成了关心粮食和蔬菜的农人。一个人自给自足，这才是人生的底气。

东坡雪堂里种桃花茶的他，能欣然对土地折腰，可他并没有对现实折腰。在山水清音和诗茶相伴之余，苏东坡始终心怀"灯火无尽"之志。

今天的我们在追寻一泡茶时到底迷恋什么呢？或许是古时文人围炉煮茶，或雪堂幽坐，或藏养守静，正是今人所向往的生命姿态吧。

茶可以温润人情，可以深藏丘壑。那份心境随着茶汤趋于平和，不是悲或喜，而是感恩所有过往种种，整个人带着通达的光。

人生如寄亦如茶。那份辽阔的襟怀都化在一盏茶里。一个人心性有了豁达，烟火人情和清雅美意都能共存。

你且看，窗外春山如笑，我们也该做些与春天有关的事情了啊……

【试院煎茶】
生炉煎茶 坐听松涛

冬天的深夜下起了雪粒子，如同武侠电影里的场景。

雪粒子的声音似侠客从窗外传来的刀剑声，一剑刺来冷嗖嗖的，仿佛打在脸上有微热的刺痛感。

风雨交加的屋檐下，一对破烂的红灯笼在烛火下摇曳。斗笠下有一张沧桑的脸，他推帘而入。

这夜冷雨迢迢，适宜生起炭火，烹茶吃食，和故人推心置腹，以消解寒冷寂寥的气氛。

苏东坡坐在松风炉火旁，静看鱼眼气泡，聆听着沸水松风声。那一缕茶烟轻扬，红尘俗事皆散去。

之前他因上书神宗论新法的弊病，

惹怒了宰相王安石，被排挤出京，自请下放到杭州任通判。

来到杭州后，他在试院主持本州乡试。监考时不忘煎茶，饮茶时不忘写诗，在心里流淌到极致的诗情倾泻而出。

蟹眼已过鱼眼生，飕飕欲作松风鸣。蒙茸出磨细珠落，眩转绕瓯飞雪轻。银瓶泻汤夸第二，未识古人煎水意。

君不见，昔时李生好客手自煎，贵从活火发新泉。又不见，今时潞公煎茶学西蜀，定州花瓷琢红玉。

今贫病长苦饥，分无玉碗捧蛾眉。且学公家作茗饮，砖炉石铫行相随。不用撑肠拄腹文字五千卷，但愿一瓯常及睡足日高时。

这首《试院煎茶》很有幽静深沉的画面感：蟹眼大小的沸点刚升起，鱼眼大的沸点就来了。苏东坡把磨好的茶末倒入茶碗中，立即变成小串的珠子，然后慢慢化成飞雪的样子，看着让他有些目眩惊艳。

他用银壶盛水，虽然比金壶略逊一些，也非常好了。重要的是，我们是否能理解古人煎茶的真意呢？

想起唐朝的李约特别好客，一定要用刚打来的山泉水亲自煎茶，表达自己的待客诚意。当今名臣文彦博学习西蜀的煎茶之道，把自己珍藏的定州红玉花瓷拿出来品鉴，可见他们对品茶之道多么珍视。

他如今贫寒且在病中，口苦腹饥，无缘享受美人递来的

玉碗司茶了。姑且学着官家饮茶的样子，就着随行的砖炉石铫就地煮茶吧。

也不期望能达到卢仝喝茶时能写出满腹五千卷的文字，只要时常喝到一盏好茶，能睡个好觉便此生足矣。

每次的贬谪流放，让他对人生的体悟便更深了一层。虽难逃"我今贫病常苦饥"的处境，苏东坡始终生趣至上，来去洒落，字字从胸臆中流出。

清光寂寂，若你有满腹的话儿不知与谁人诉说，便与茶说吧。

什么才是最美的应景浪漫呢，煎茶便是。

对宋人而言，煎茶属于前朝古风。这种风雅流传至今，映照着古时，也映照着当下。

煎茶是将细细研磨的茶末投入滚水中煎煮后，分而饮之，古人有"候汤最难"之说，煮茶时须得在一旁安静候水。

　　士人侍茶重在意境，风炉与铫子为煎茶所用的器物，同样与风炉配套的还有煎茶瓶。

　　煎茶需活水，为水之美。再次是火候把握，为火之美。然后要讲求茶之美，好茶是必不可少的。当然好茶还更需要好器，是为器之美。

　　除了这些仍是不够的，茶事的灵魂还在于煎茶和品茶之人，更重要的是人之美。

　　苏东坡就是那个美妙的人，可锦衣绸缎，可粗茶淡饭，可游历人间，可归老山川。他喜爱的一切总是恰好击中我们心田。

　　诗、书、画、茶、酒、美食、器物，他无一不涉及。相较文人的精深，我更喜欢的是东坡先生在其中呈现的那份松弛，让人亲近有共鸣。

　　一个"茶"字从字面上看，是指一个人行走草木间要顺应天地自然。茶事告诉我们，在前行路上身心需要休憩，在自然风物里得到抚慰，才能保持性情。

　　苏东坡的内心活着一个"达观的灵魂"，他为自己的生命造了一个不受现实所扰的幽境，一进去便是夏山如碧，风清月皎。

　　苏东坡为自己点亮了烛火，更为世世代代的人照亮了道路。

多少年过后，我们与他相逢，仍觉心旷神怡。

是他带给我们勇气和快意，还有什么比成为勇敢的自己更美妙呢？

即使我们的人生有诸多限制，也应当尽力体验生命带来的乐趣。任何时候，精气神都不能丢啊！

想起生命中来来往往的人，有哪些是可以并肩走一段旅程的人？又有哪个是一生肝胆相照还能久处不厌的人？

纵然有一天，大家彼此可能会渐行渐远，可能会相忘于江湖，但至少曾经我们一起相聚过。

深夜，记得给自己点一盏心灯，照亮我们期盼的那个世道。那是一个有希望、有活力的世道，是微小的个体也能发光的世道。

人生这场茶宴，希望我们信手阔步，乘兴而来，尽兴而归。

【端午茶会】

哪怕颠沛流离 也要好好喝茶

他上一刻还在蝗灾严重的密州，下一刻又回到了杨柳春风的扬州。

来扬州后适逢端午节，苏东坡因身体欠佳，吃饭也不香，只能自嘲喝茶破除胸中孤闷。

想想那时人也年轻，月光也亮，而今月光仍是皎皎，却是他人与他乡。也不知那些故人是否可安好？

正巧友人毛渐寄来了茶，苏东坡约上了石塔寺戒公长老，还有学生晁补之等朋友，在石塔寺办了一场端午茶会。

石塔寺禅房外风日正好，刚好下过一场春雪，天地也清明，鸟也归栖。

茶会之前，苏先生将茶具亲手清洗准备，备的好水是专门从扬州蜀冈打来的井水，好茶是毛渐赠的浙江茶，茶点是端午节吃的菰黍。

来的都是与自己趣味相投之人，如此这茶当然也是他亲自煮的了，如同一场径山茶宴。

在这场茶会中，使用好的器具，上等的茶，倾心而注，不是为了让友人记得它们的珍贵，而恰恰是为了"放下"。

放下苦闷，放下身外事，是对茶汤的尊重。

苏东坡什么也没想，所有心思都放在这碗茶汤里，茶会过后他写下了这首诗：

我生亦何须，一饱万想灭。胡为设方丈，养此肤寸舌。尔来又衰病，过午食辄噎。缪为淮海帅，每愧厨传缺。爨无欲清人，奉使免内热。空烦赤泥印，远致紫玉玦。

为君伐羔豚，歌舞菰黍节。禅窗丽午景，蜀井出冰雪。坐客皆可人，鼎器手自洁。金钗候汤眼，鱼蟹亦应诀。遂令色香味，一日备三绝。报君不虚授，知我非轻啜。

杭州净慈寺的南屏谦师也来了，苏东坡将茶饼碾成如飘尘般极细的茶粉，这茶被形容为"轻尘散罗曲，乱乳发瓯雪"，点成的汤花像雪一般洁白，想必是好茶了。

那日笙歌琴曲散去，苏东坡静坐寺庙庭院中，此身饮罢，早已忘却营营，仿若一盏清茶能饮到白发垂垂。

"苏门四学士"的晁补之也和了老师这首诗，过了许久仍是念念不忘这场端午茶会。

唐来木兰寺，遗迹今未灭。僧钟嘲饭后，语出饥客舌。今公食方丈，玉茗摅噫噎。当年卧江湖，不泣逐臣玦。中和似此茗，受水不易节。

轻尘散罗曲，乱乳发瓯雪。佳辰杂兰艾，共吊楚累洁。老谦三昧手，心得非口诀。谁知此间妙，我欲希超绝。持誇淮北士，汤饼供朝啜。

晁补之称赞茶的精神是遇水而生，啜苦咽甘，不谄不媚。更是借茶赞叹老师苏东坡遇到种种不平事仍不改平生志向，和茶一样遇水不变本色。

一心一意地侍茶，一心一意地体味生活。一个人心中有坦荡，一清如水，就会看到最美的事物。

茶会过后，苏东坡还专程写信给老友毛渐，说你送我的茶，我可是认真喝了哦。

不管落魄也好，是罪臣也好，总有人冒着被罢官的风险来探望他，或给他寄茶、寄字帖、寄衣物。

有生之年，他只希望和故人们对饮聊至月白，那便有久别重逢的喜悦。

古人的茶会，有庄重风雅的茶会，也有轻松闲适的茶叙。

我想茶会所重视的，是在愉悦氛围下心与心的对谈，是无论在何种境遇下，手边依然有一盏暖手暖心的茶。

相较于禅意端坐的茶会，古人也很喜欢山野茶会，一片野趣盎然。茶生草木间，能见到花朵的寂静美，峭壁的凛冽美，溪流的澄澈美。

相约而来的人们既可坐在岩上，看着白云霞雾，又能坐卧于花枝间，逗引茶席旁边引来的山鸟。

宋朝的茶会不是以宏大为美的，也不是只有风雅仪态，它从高深庙堂到市井人间，从碾茶、注汤、击拂，每片茶叶都被认真对待。

不管是士大夫还是寻常人家，他们赶集、喝茶、买花，为各种各样的神仙过生日，也会在各种节日里盛装出行，在长辈祝寿时簪花起舞。

汴梁人春游，即使是再平凡的人家，也会把花簪在头上去市集喝香饮子，吃着蕴含美好寓意的小食。

茶会有意境的呈现，也有对茶器具与茶道仪轨的尊重。是大碗喝粗茶，还是小杯品妙物，本就是春兰秋菊各有所爱。

人有自己的风格，茶也有自己的风格。一杯茶里有花间晚照，还是有金戈铁马，全看饮茶人的心境。

我们眼中的东坡先生，才华横溢又如何，他也决定不了自己的仕途命运。个性跟长袖善舞更不搭边，若不是文名盖世几条命都不够折腾。

可即便如此，他不降志辱身，也不萧索沉沦，哪怕颠沛流离，也要坐下来好好喝一杯茶。

他人是远上寒山，还是骑鹤下扬州，都和他无关。苏先生只沉浸在一片野杏花林里流连不去，对人间怀有深悲，并对一路遭逢献上了深情，深情一盏茶，一朵花，一条路。

真正的心静，不是禅寺悠悠的钟声，也不是幽隐无人处的深山，是酸甜苦辣吃尽，再捧起的一杯醇香淡茶。

佛门有一语"乘愿再来"，如若选择，他只愿悠游山中，心怀峰顶，但爱珍足下的一叶一芽。

第 **3** 章

生活实苦 不如喝得开心点

梦里喝茶 醒来作诗

　　诗人余光中曾说，如果要选一位古人结伴去旅行，他只选苏东坡。

　　如果让我选择，我也是和他一样，只因东坡先生和内心的我有一个盟约。

　　那个盟约里有茶，有诗，有丹青，有写意。

　　只因这个男人不肯被命运裹挟卷拂，所以我们后人所见到的是一个血肉饱满、栩栩如生的生命。

　　苏东坡喝了一辈子茶，鉴赏名画时要喝茶，练习书法时要喝茶，写首诗要喝茶，睡前要喝茶，梦中也要喝茶。

　　高兴时喝，痛苦时喝……绝望时喝，他把茶喝出了生机，喝出了意境，也喝出了平和。史上如果非要封一位文人为"茶仙"，那么苏东坡便当之无愧了。

　　喝完茶，什么都想通了，无非是梦里喝茶，醒来作诗，嬉笑怒骂一声又接着去酣睡。

　　见面和喝茶，是古人最好的问候。那时来往不便，若不能相见，便在梦里与友人神交饮茶。

贬谪黄州的第二年，苏东坡梦到和杭州好友在西湖上相见，共饮浙江西庵茶，十分快活。梦醒后，恰好朋友来信问候他，还托人送来了礼物。

苏东坡与朋友的情谊以黄州为起点。之前早年认识的至交，因与他的关系被波及牵连，外派到边远区域，或老死异乡，或几经岁月蹉跎。虽远隔千里，可这些朋友在他生命中始终与他不离不弃。

杭州故人寄茶以表关怀。身陷乌台案牢狱时，有民众为他祈福请命，贬谪黄州后，故友为他筹集物资，遣人奔赴带去千里问候。

他落魄时，有人接济；惆怅时，有茶点明。似乎人生一梦，沉静在一杯茶汤中，可得逍遥无忧。

他把这份侠义之情揣在心里，化在诗里，便能如沐春风。

梦里喝茶，醒来作诗。如谈心事，如游山川。哪怕他一直被诗文所累，可诗里全是铺天盖地的性情流露。

有一年大雪初晴，苏东坡做了一个美梦。友人们以雪水烹煮小团茶，有美妙的女子唱歌以佐饮。

此情此景，使得梦中的他诗兴大发，写下一首美妙的回文诗。

酡颜玉碗捧纤纤，乱点余花唾碧衫。歌咽水云凝静院，梦惊松雪落空岩。

空花落尽酒倾缸，日上山融雪涨江。红焙浅瓯新火活，龙团小碾斗晴窗。

这个梦境里，恰好下了几天的鹅毛大雪。苏东坡扔下锄头，脱掉草鞋。他饮了一点酒，迷迷糊糊梦到自己跟友人一起拜访故交。

这场茶会极其讲究，茶用的是极品贡茶小龙团，水用的是无根甘露冰雪水。他一边听着融雪声，一边开怀痛饮，直到杯尽缸空。新瓯里的活火微微燃烧，朋友正用雪水烹制小团茶。

只见茶室外天晴日暖，纸窗明亮。待小团茶烹好，有美人将雪水茶用玉碗捧上。只见她一身碧衫，衣裙上面还余有几处唾花，应是在雪地里跟女伴唾花打逗留下的痕迹。

苏东坡一边喝茶，一边听美人清歌。女子弹琴弄弦，她的歌声悠扬，连天上的雪云都停驻了，他正听得入了迷，竟忘饮了手中的小团茶。

清曲唱尽之后，他很畅快。如此清歌，如此小团茶，如此雪景，苏东坡忍不住手痒，写诗相赠美人。

小院里寂静无声，只听得松树上的融雪扑簌落下之声，在空山里回响。忽然把他从梦中惊醒，才恍然惊觉原来是南柯一梦。

半梦半醒之间，苏东坡好像听到耳畔仍有女子的歌声传来，但梦里的诗却只记得其中一句"乱点余花唾碧衫"。借着美梦余韵，他提笔重新写下了两首回文诗。

此刻，是摇曳的树影，昏暗的天光，皎洁的月色，和这个男人寂静的心境。可诗里那份清寂与雅趣，幻梦与唏嘘又是如此真实。

即便在梦里，东坡先生还是一贯有情有调。然而寂寞还是经常袭来，他孤独，他无助，他叹息，所幸他还有茶。

谁不是红尘苦海中人？余生路漫漫，灰心常有时，唯有一团真火支撑着他。

寻着他的步履，我盼着有一天和他单刀赴会。只想看一眼他是如何披帛飞飑，风采盎然。

逆境中最能考验一个人的心性，东坡先生的这场梦中茶会，又何尝不是我们与自己的一场灵犀相遇呢？

苏东坡在梦中得到的这些妙言佳句时时提醒他，世事如同一场大梦。

即便人生如梦，即便孤身一人对山水无人应答，这个乐天派的男人用茶怡情，养志、交游、养生，茶如影随形伴其一生。

苏东坡的情趣不是陶潜那种隐在深山里，一边岁月安好一边捉襟见肘的情趣，也不是李白那种飘在云端上来去自在的情趣。

他也嘲笑自己是一大俗人，可真身却是全然天真。他的性情里，带着点自嘲，带着点孩子的自得其乐，也带着点人间的烟火气。

想起我曾和友人在山中涉水探幽，饮茶弹琴，逍遥而卧，那是小女子的性情跳脱，再没什么比这更

快活的了。这再也回不去的如水时光，如今想想依旧觉得很美。

一路曲曲折折，庆幸有家人和友人相望相扶。一个人只有独行过黑夜，才会珍惜眼前皎洁的明月和一杯茶汤。

人生的底色难免会有斑驳，但我们心中的人间却是一片青绿。一个人不受困世俗之见，能将肉身之苦化成生命之乐，是多么值得敬重啊。

正如茶汤的力量和岁月一样，只增不减。而我们向这些提着灯的同路人，借得一点点火光，去照亮前程。

眼下春天一团和气地来了，喝一杯茶，庆贺所有的美景良辰，也祝诸君佳人有个好眠。

斗茶高手的风雅和天真

壹

喝茶，对古人来说是件很慢的事，无论是取泉水烹煮，还是精心准备茶具，只为迎接一盏好茶。

宋朝茶事更为风雅，我在吴自牧的《梦粱录》有过耳闻："坊巷桥道，院落纵横，处处各有茶坊酒肆"。悠闲的宋人手捧一盏茶，即可消磨半天时光。

当然，宋人不玩些花样，日子岂不是白过了？

斗茶、行茶令、茶百戏，宋人真是将喝茶喝出了乐子。文士间的斗茶，是斗色、斗浮、斗香，主要争个谁的茶美，谁的茶香。诗人更会用"乳花""雪花""琼乳"等特别美的词来说斗茶。

若论斗茶，咱们的东坡先生更是其中高手。

有一年苏东坡在杭州任府台，那段时光算是一段逍遥自得的日子。他对杭州惠山泉仰慕已久，不管上任到哪里，他都会保留一个习惯，要找到那汪最好的水，煎上一壶最香的茶，约上当地的友人吟诗畅饮。

于是，苏东坡趁着踏青时节，脚穿布袜和草鞋，肩挎行囊，手拄一根藤杖，便向着惠山泉出发了，未曾想途中偶遇时任端明殿大学士

的蔡襄。

　　蔡襄也是宋代的一位大文人，专精于茶道，又年长他许多，俩人同朝为官，同好茶事。

　　苏东坡连忙上前拜会，他得知蔡襄此次是受皇上恩准去惠山寺考察泉水。这可把他兴奋坏了，提议俩人去寺院斗茶。

　　一路上闲聊，蔡襄夸他诗写得好，若是输了，当罚诗一首。苏东坡也不甘示弱，说蔡襄书法堪绝，若是输了，就当给自己留一幅墨宝。

　　到了惠山寺，他与寺院住持说了来意，住持便安排了人准备斗茶用具：茶灶、银瓶、茶碾、桑木炭，还安排小沙弥作茶童。

　　斗茶之日，恰是棋逢对手，寺中众人静待一场清香流动。

俩人自备茶饼烹茶，用的茶具自然也是精致的兔毫盏。苏东坡用的是蒙顶山上茶，蔡襄用的是北苑龙团茶。

蔡襄特意取来著名的惠山泉煮茶，而苏东坡是亲自收集竹梢上滴下来的露水。只见茶沫皆为雪白，但苏东坡的茶中有着竹香，自然略胜一筹。

他的茶虽比不上皇帝赐给蔡襄的极品贡茶，但所选烹茶之水可颇为用心。苏东坡是受古人一句诗"微动竹风涵渐沥，细浮松月透清明"的启发，这竹沥水是用烤过的竹子浸泡过的水，这样茶水更加清冽。

俩人在惠山寺斗了两次茶，前次是蔡襄胜了他，这次是苏东坡的竹沥水胜过了蔡襄。

蔡襄更是一诺千金，当场写给他一幅书法。

苏东坡赞叹蔡襄"见字如见德，见德如见人。一日为师，终身为父"。于是，恭恭敬敬收下了蔡襄的字。只是此次拜别竟成绝别，斗茶之后俩人再没有相见过。

这一对斗茶高手，不仅是书法上的挚友，更因茶道而彼此相惜。这里的斗茶不再是文人风雅，而是个性天真的释放。

赤子天真的人，对于天地万物，譬如一株海棠，一轮明月，一盏茶，一汪泉水，都倾注着一腔深情。

我们何其有幸，曾和他一起走过人生路，和他一起看过月亮，和他一起共饮这杯茶。

很喜欢《清明上河图》中的宋朝生活场景，人们在茶馆闲坐时，饮茶必谈京师风物，聊天时口中也许泛起煎茶果子的香气。

苏东坡当时是御街坊巷里被他人聊起的钦慕对象。

他是天生奇才，无论是从少年成名到身陷囹圄，还是从死里逃生到光耀千古，一切皆源于他的旷古才情。

多少个烛光夜下，这个孤清影单的人，在品一杯茶时，他才能淡忘漂泊之苦。茶汤倾倒出的，是苏东坡心中对大好河山的向往，这看不尽的山河云天，花朵雨雪，皆给予他力量。

他以诗为骨，以茶为气，喝完茶必写诗，一下笔就芬芳千年。从

诗到茶，从肉到竹，从酒到花，他洋洋洒洒写出日常事物的真意，让我们看到了一个完整、饱满、真实的男人。

东坡先生最喜欢广交朋友，一杯茶就是他敬客待友的心意。而斗茶既是朋友间的风雅之举，更是他抚慰灵魂的玩乐趣味。

与和静怡真的茶道相比，斗茶更有利于茶人的情感表达。古人来往不便，同道人因为这一盏茶才相聚清谈。

斗茶和品茶，都是一种生命的修行。修的是人在得意时能稳得住，在失意时能扛得住；修的是不管处于何种境遇的欣悦态度。

苏东坡的茶事生活，给我们传递的是：一个人不必生得惊艳卓尔，但要活得畅快陶陶，活得元气饱满，活得乐尽天真。

此种观照的美妙，在他的古诗词和茶事中俯仰可拾，而现实中这样的男人却寥若晨星。

我们能开解自己的方法，就是从热爱中开出幽香的花枝来。生活中一些喜欢的事物，只要坚持去做，总会在不知不觉中发生改变，带来心平气和的力量。

无论过去多少年，东坡先生一如初见，让我心魂激荡，眼前一池春水涟漪。

喝茶不忘"怼"人

他在人间情来情往，但论怼人的风骨，无人可及。

苏东坡怼天怼地，上嘲文武百官，下怼市井布衣，出门怼朋友，见好友张先年纪一大把了还娶小娇妻，大笑着写了一句"一树梨花压海棠"流传至今。

有一年苏东坡在杭州任通判，久闻径山寺茶宴大名，想亲自去拜访。这日，他脱下官袍，换上素衣，也不带侍者和书童，便独自踏上了去往径山的路。

在山中一座老寺院里他见到了住持，苏东坡不想摆官架子，只说自己是普通香客，进来讨杯茶喝。

住持见来人穿着布衣芒鞋很是简朴，只是冷冷地说了一声"坐"，对着小童吩咐了一句"茶"。

苏东坡也没当回事，只管落坐喝茶，他和住持闲聊了几句，聊诗书聊字画聊山水。

这位住持见苏东坡出语不凡，颇有见解，马上请他入大殿，摆了一把椅子说"请坐"，又吩咐小童"敬茶"。

茶一杯杯续上，俩人聊的话题越来越深入，他和住持聊书法、聊禅宗、聊品茶。住持愈发觉得这位香客是一名深藏不露的智者，不禁好奇问起眼前人的姓名，苏东坡自谦道："鄙人苏东坡。"

住持闻言大吃一惊，原来此人竟是名扬天下的苏大学士。连忙站起身，请他进入大殿内的雅间，非常恭敬地对他说"请上座"，又吩咐小童"敬香茶"。

喝完一盏茶后，苏东坡准备起身告辞。住持见挽留不住，就请他为寺院大殿题联。他写下了此副对联："坐请坐请上座，茶敬茶敬香茶。"写完之后拂衣而去，这位住持顿时羞得不敢多言了。

我们这位坡仙不仅幽默，更是喝茶不忘怼人。此联怼得太妙了，不仅道出人情冷暖，更借对联讥讽其人。

人与人的酬唱来往，既体现在茶汤中，亦在茶韵里。茶事之道，理应一视同仁，即便是过路打尖，或是人走茶凉，我们应当以自己最好的姿态对待对方。

客来敬茶，无疑是最温情的茶事。如今有多少人，喝过一次茶后就再未见过面？又有多少人初次相见后，连喝茶的机会都再也没有了呢？

贰

客来奉茶，送客点汤。这是宋人对友人和对茶的珍惜，如同茶道里的"一期一会"。

古人访友，有时在我们这些人看起来是"硬闯"。虽然礼数不够周全，却有一种故友忽来的喜悦。

这时不必客套，而是解鞍系马，留宿朋友家，喝上一盏茶彼此秉烛夜谈。聊尽了就解衣而眠，梦里依稀还有一盏茶香。

很喜欢"一期一会"背后的深意：它既是万事随缘无常的象征，更有对生活的温柔眷恋。

和友人喝茶，应怀着"难得一面，世当珍惜"的心情，庄重地遇见，珍重地道别。这些是藏在茶汤里的细枝末节，给人一种涓涓如流水般的感动。

纵然是陌生人，或是人心易变，但茶道的规矩和礼仪不变。见面时请喝茶，辞别时主人对客人说一声"闲时来食茶"，茶的热情不仅在茶汤里，更在人情言语中。

品茶时忘记身外事，是对茶汤的尊重。从茶友前来到席尽人散去，一个茶主人的"收心"是多么重要。

当见识过好的人或事，我们会越来越谦虚。不好为人师是真正的谦逊有礼，天大地大，其实自己所知是有限的。

平常在外多倾听他人的观点，再反思自己前行的方式，也不失为一

种开拓和探索。

对于寻常人来说，喝茶也没有那么高深和微妙，不懂茶叶知识并没有关系，能专注泡好一杯茶，享受喝茶那一瞬间的美妙就挺好。

朋友来时，备好茶席，煮水，入茶，出汤，不需要惊艳花哨的手法，怀着端正认真的心去泡茶，安顿好前来喝茶人的身心，就是能让人很舒服的茶人了。

说到喝茶，它可以是柴米油盐酱醋茶的茶，也可以是琴棋书画诗酒茶的茶。它和人一样，能上也能下，能雅也能俗。

现在我更喜欢乘兴而来的状态，喝一壶老茶，吹一吹山里的风，有高山流水供自己酣眠，一个人或几个人都好，有随性的松快。

对喜欢喝茶的人来说，或许寻的是内心的相通。在现实中能保持一种古典的意趣，是一种处世之道。

日子到底过得怎么样，其实自知自乐也挺好。东坡先生乐天知命，更是一种余情温厚的活法。

当下，我们能有书读，有饭吃，有衣穿，有一盏茶喝，对照古人，还有什么不满足的呢？

【月兔茶】

茶与美人不可辜负

也许世间女子大多爱慕英雄。

苏东坡出现在我梦里时，是"一点浩然气，千里快哉风"侠客名士的模样。

深夜喝茶喝久了，让人升起小憩的困意。打盹间朦胧听到窗外的风声呼呼作响，推开窗有一钩新月，与我朗朗相照。

这轮月亮让我想起千年前，他曾和知心人朝云在月光下喝月兔茶的情景。

环非环，玦非玦，中有迷离玉兔儿。

一似佳人裙上月，月圆还缺缺还圆，此月一缺圆何年。

君不见斗茶公子不忍斗小团，上有双衔绶带双飞鸾。

诗中意思是说环是圆的，玦是半圆。一饼团茶似有一只晶莹的玉兔跳来跳去，掰掉一半煮茶，茶饼就成了半圆，像玦又像环。

这饼月兔茶像是美丽女子裙子上的玉器，光彩动人。天上月亮圆了又缺，缺了又圆，如此年年岁岁。

月兔茶一旦掰下来煮着喝，那么这饼团茶无论如何都不能再团圆了。

斗茶的公子也不忍心拆开月兔茶，只因茶饼上面有双凤共衔图案绣的绥带系着，惊艳绝美，更是世间有情人的象征。

月兔茶是宋代团茶中的一种名茶，产自苏东坡的故乡四川。友人黄庭坚最为喜爱月兔茶，之前时常相赠予他。

这首《月兔茶》看似写茶，其实是写给他的红颜知己朝云。

苏东坡看着朝云为他煮茶，他就想起了月宫里的嫦娥。天上的明月圆了会缺，缺了会圆，只要我们耐心等待，世间亲眷伴侣总有团圆相会的那一天。

说起眷侣，和他一起历劫的女人们，苏东坡一位也不曾辜负。

发妻王弗和他情深意笃，只是英年早逝，苏东坡为她写下"十年生死两茫茫"最深情的悼亡词。与他共患难的夫人王闰之，他在祭文中承诺与她"惟有同穴，尚蹈此言"。知己朝云懂他的一肚子不合时宜，苏东坡说"惟有朝云能识我"。

除了两位妻子，朝云是陪伴他最久的女子了。

苏东坡在杭州任通判时，在西子湖畔，一位舞姿绰约的小女子惊艳了他的目光。

十二岁的王朝云如空谷幽兰，同身边的烟尘气相比，显得格格不入。他纳她入府，还给朝云取了字：子霞。

从婢女到妾，朝云始终是一生辛勤、万里随行的女子，她一路跟着苏东坡到了惠州，只有她说得出"学士一肚子都是不合时宜"，只有她为他唱"天涯何处无芳草"时会怆然泪下。

她不追求名分，如同上天赐给苏东坡的一朵解语花，是那样灵动出尘。更重要的是，这个女子会点茶。

想必在很多个日夜，朝云都会为嗜茶的苏东坡奉上一杯热茶，默默在侧，共度光阴。那茶汤里的温柔，足以安慰他仕途跌宕的苦闷。

在他被贬惠州时，妻子王闰之已经去世，其他侍女纷纷离他而去。只有朝云坚定地跟着他，甘愿共赴险难。

人最落魄时才意识到不离不弃的可贵，如苏东坡所说"知我者，唯有朝云也"。他和朝云都好佛法，好茶道，俩人是彼此的灵魂伴侣。

这饼月兔茶隐藏的深意是深情绵长的。他把朝云比作天女，把自己比作维摩诘，朝云病逝后，他从此再未婚娶。

苏东坡对茶和对美人一样，始终怜香惜玉，温情相待，更不可辜负。

贰

他对我来说，是在怀良辰以孤往的路上，遇见一位值得交心的人。

苏东坡不是谪仙，他没有李白乘风归去的浪漫，但他是千年来一直生动有风骨的坡仙。

诗人在郁郁苦闷的时候，总可以退到诗词里缓一口气。茶人在没有退路的时候，也还可以退到茶中得到抚慰。

只要有茶，他的心里就有一轮满月照亮。他可以在茶中与朝云重逢，有朝云为他点茶，喝他最爱喝的月兔茶，吃他最爱吃的东坡肉。

好的人与好的茶一样，如师如友，如兄如父。这场跨越千年思想的飞翔，如同云中白鹤乘着山风，变成一缕热气，落在这杯茶中。

骨子里我向往出世的隐士，幽居山谷，有小院一间。旁边有青山溪水，有花草可以侍弄，自己有一身才华，用写文换得银两生活。

每到节令时，借着信笺传书，得天下四海同道友人相约聚首。有僧人，有道人，有才子，有佳人，或弹琴，或饮茶，或饮酒，或舞剑。

只是这样的自在逍遥，我也只不过是一场幻想。

人生的快意与悲欢从来只是自知其味。心敞亮，人有趣，从内到外有着发自肺腑的热爱劲，才能掌握人生这门火候。

这一生我们能安然活到老，已是十分幸运，希望世上多一些儒雅宽厚的人儿。

眼下南方白雪纷纷，岁末将至，不知你此时以一种什么心境在生活呢？

跟着坡仙学养生

这个男人会玩、会吃、会喝、会写。哪怕走到山穷水尽，一路也是乐陶陶。就连喝茶，他都能喝成个养生仙人。

"饮子"是宋朝流行的一种养生茶汤。当时街巷茶肆"四时卖奇茶异汤，冬月添卖七宝擂茶、馓子葱茶，或卖盐豉汤；暑天添卖雪泡梅花酒，或缩脾饮暑药之属"。

若说宋朝的养生博主那只能是我们坡仙了。他会茶疗和食疗，会亲制麦门冬饮、熬一碗"东坡羹"，每天口服芡实，还自创生姜茶饮……

晚年的苏东坡被贬谪儋州，好在遇到皇帝开恩，下诏让他渡海北归。他一路走走停停，途中身体抱恙，居住在真州养病。

当时好友米芾在此任职，经常冒着酷暑去探望他，每次都会为苏东坡送来一些药材。

生病的日子里，苏东坡亲自研制麦门冬饮。每日取少量麦门冬，像泡茶叶一样喝，一碗下去很是安神催眠。

麦门冬又称麦冬，《神农本草经》将麦冬列为养阴润肺的上品，做法是用人参八分，麦冬、茯苓各一钱，水煎温服。

这日米芾过来看望，他正在午睡。等苏东坡睡醒时，才知晓米芾曾经来过。这么大热的天，友人不畏暑热来而未见，他心里过意不去。

正好有熬好了准备喝的麦门冬饮，苏东坡让侍童给米芾送去，还不忘记小心嘱咐，告诉米先生，这可是他亲手熬煮的。

送饮子不够，他还写诗感谢："一枕清风值万钱，无人肯卖北窗眠。开心暖胃门冬饮，知是东坡手自煎。"此诗如山间清泉，给苏东坡带来了甘甜的回味。

茶饮子是他的清凉甘露，可解心头疾患。它所承载的情意有着妥帖，给一身疲惫的苏东坡带来一身的热乎乎。

前路如何漫漫，可他身体里流淌的月光，一路小跑出来照见花，照见山，照见自己。

人的身上会有一种来自生命最初的气息，如山鸟跃跃欲飞。

这个男人顺应时节，他知道喝茶能养生，但过饮伤人，茶饮和药膳

须得双管齐下。

苏东坡在杭州任职时，有一日去净慈寺游玩，遇见一位老僧人。只见眼前这位高僧年高八十余，颜如渥丹，目光炯然。他十分好奇，便问其养生之道，老僧人回答说："服生姜四十年，故不老云"。

后来他把这个养生秘方记录在《苏东坡养生诀》中："一斤生姜半斤枣，二两白盐三两草，丁香沉香各半两，四两茴香一处捣。煎也好，泡也好，修合此药胜如宝。每日清晨饮一杯，一世容颜长不老。"

意思是用生姜、大枣、食盐、甘草、丁香、木香、陈皮煎汤代茶饮，这便是苏东坡亲制的"须问汤"。

除了会做"须问汤"，苏东坡还喜欢用铜炉烧柏子，石鼎煮山药来养身静心。他自创饮食后用茶漱口的养生法，说茶可以"除烦去腻，不可无茶"。

毕竟身体好，才能经得起这么天南海北的贬官折腾。不仅得保养肉身，他还得情志舒畅，得学会玩。与山河浅酌一盏，意气如当年。

有一回，宋朝文人张鄂曾去拜访好友苏东坡，向他请教养生秘方。

他对张鄂说，自己得了一个养生长寿古方，是从战国留传下来的。药只要四味："一曰无事以当贵，二曰早寝以当富，三曰安步以当车，四曰晚食以当肉。"

其中的第一味药"无事以当贵"，是指内心清净是治愈一切苦难的良药，遇事要放得下看得开。"早寝以当富"最好的养生就是顺时而养，日出而作，日入而息。

　　"安步以当车"是说行走观山看水，人的心胸才会开阔。最后这味药"晚食以当肉"是等到饿了再吃饭，那就吃什么都香，吃什么都像吃肉一样了。

　　我们一路看他的故事，如同和这个男人一起经历起起伏伏。即使漂泊孤寂，他仍有一种安贫乐道的闲情和幽默。

　　宋朝和今朝，是不同的时代，可仿佛和苏东坡共存一个时空里。谁都会千里迢迢跑来看他，因为天之广水之阔，唯他一人。

　　他行走的地方，看到的景色，遇见的人，还有喝过的茶，在我们的记忆里丝毫没有褪色，始终清晰如昨。

　　人世是浮云般短暂，一番热闹光景，但也有这些腾腾任天真，自得其乐的人。

　　苏先生，若有来世，我等小女子定以好茶相酬。若有来世，会当面祝愿您"人强健，清尊素影，长愿相随"。

　　今朝年年岁岁，这往后的路就交给我们自己了。我深信，一个人只要认真生活，爱惜呵护好自己的心力，岁月终有开阔光明之日。

【以茶酿酒】
每一口尽得风雅

茶如隐者，酒如侠客。在我心里苏先生两者皆有。

他的老师欧阳修说醉翁之意不在酒，在乎山水之间也。对苏东坡来说，他不在酒亦不在山水，在于邂逅成一欢，醉语出天真。

这个男人喝酒有不少趣事，什么醉酒戴花的可爱簪花老夫，什么酒酣胸胆尚开张的疏狂与豪气，什么夜饮东坡醒复醉连家门也进不去，这些饮酒趣事聊到天亮都说不完。

苏东坡不管是喝茶还是喝酒，皆是把杯为乐。他本性之真不虚伪、不矫饰，直撞人的心怀。

记得他前往凤翔为官，经过西京，约友人刘敞见面，俩人在石林亭举杯对饮，喝到石头也同醉。

还有一年，苏东坡在尉氏县驿馆里遇到大雪。白雪封路，他与一个陌生人饮酒。这人喝酒狂放，二人喝了一宿。天亮挥手作别而去，他竟然不知道对方高姓大名。

有一回，苏东坡听闻苏州吉祥寺牡丹花有名，便邀约友人前去观赏，见得花前摆开了筵席，金盘上盛放着花朵，苏东坡拈得一朵戴在头上。

这时酒也盛上来了，他和文人墨客簪花而饮，还笑说自己人老簪花不自羞。

除了喝酒，苏东坡还爱酿酒。他的酿酒生涯，是从被贬惠州开始的。

苏东坡酿的第一款酒叫"罗浮春"，此酒用糯米黄酒酿成，取自惠州的名山罗浮山。他还将酿酒秘方刻石为记，藏于罗浮深山中，扬言说只有仙人才能找到。

他在黄州用蜂蜜酿过"东坡蜜酒"，蜜酒制法是道士杨世昌传给他的。酿成之后，苏东坡还不忘自我吹嘘一番"三日开瓮香满城"。

被贬惠州时，他用白面、糯米和水酿出了"真一酒"，自称人间真一东坡老。为了把这款酒流传出去，他可使劲说它的妙处："远游先生方知此道，不饮不食，而饮此酒，食此药，居此堂。"意思就是说他不吃饭不饮水，也要专门喝这种养生酒。

到了流放儋州，苏东坡得到一个隐士秘方，用生姜和肉桂做配料酿成桂酒，酿制后他常年服用，安然抵御了当地的瘴毒。他说"酿成而玉色，香味超然，非人间物也"，此酒当属人间极品。

他在定州任职时，以当地的泉水自酿中山松醪

酒。将松花、槐花、杏花用泉水和之，跟黍米和麦子一起蒸，密封后发酵成酒。喝了松醪酒的他和竹林七贤一般，骑上仙鹿飘渺而去，一如春水煎茶，松花酿酒的美趣。

苏东坡最让人妙赞的是，他竟然提出以茶酿酒："茶酒采茗酿之，自然发酵蒸馏，其浆无色，茶香自溢。"

虽然当时官家禁止私人酿酒，却难不倒我们的坡仙。他偷偷在自己的小院做了一个小型酒窖，专门用来做试验，盼着光阴能流转得快些，好赶紧尝尝这坛茶酒。

古时的茶酒多以米酒浸茶。只是当时没有用茶酿酒的技艺，在苏东坡的设想中，用茶叶发酵酿成的酒，哪怕无人对酌，想来也是极妙。

这个男人可真敢想，把茶与酒放在一起喝出个奇绝之味，大有"风雨一杯茶酒"的气度。

饮茶虽好，可如果只有茶，未免太清冷。幽微深远的茶和热烈激荡的酒才能碰撞出火花，他借茶中幽咽化在酒醑豪放之中，诗词是他传递的高山流水声。

苏东坡将人生逆旅当成发酵的米酒，经过岁月转化沉淀，终把自己酿成一杯浓淡相宜的茶酒。

坡仙的一酿茶酒，到底有没有后续都不重要了。想想人生何其渺渺，但总有情深谊长的安放处。

他和李太白时常出现在我梦里。

太白是太虚仙界里降下人间的一朵皎洁青莲，落在大唐，飞在大唐。东坡是宋风明月里生长的一棵苍劲孤松，生在北宋，长在北宋。

李太白爱茶更爱酒，苏东坡是茶一顿酒一顿。他爱杯中之物，可并无酒量，常常一杯倒。他更喜欢与朋友一起饮酒，看到别人徐徐而饮，自己就尤其愉悦。

一个人怎么喝，和何人喝，都决定了自己的活法。

用茶酿酒，正是苏东坡的"半酣"人生。苏先生的许多旷古名篇，就在半酣之间，从心里不管不顾地流淌出来。

这不仅是养生的最佳状态，也是饮酒之后精神酣适的最好状态，是半醉半醒之后，也无风雨也无晴的淡然。

他在茶酒和饮食间忘了忧愁，要愁也只愁一会儿，下一秒他就带着茶炉和笔墨去闲游了。什么青云志，远到像是已经过了一辈子，还是不提罢。

苏东坡的知情识趣，他的辽阔襟怀，他的茶酒人生，

他的诗书画意，总叫人有重新活过的热情，让人敞亮的看待生命。

古人的胸襟和对人世的态度确实值得我们感怀。如今之人习惯了肤浅和快速的关系，又能有几个良夜与故人盘置青梅，一樽煮酒再论一回英雄呢？

这一会儿心思想远了，此刻我听见树叶上的落雨声，倒是有点像苏先生笔下的"莫听穿林打叶声，何妨吟啸且徐行"的情境了。

只待这场风雨过后，轻盈迈步，茶香酒香飘一路，前方日照山河有光明。

第 4 章

神仙友情 尽在一杯茶里

【苏东坡和司马光】

君子和而不同

他这一生有许多朋友，对谁都赤诚，上可陪玉皇大帝，下可陪卑田院乞儿。

若论茶友，司马光算得上一个。

以前对司马光的印象停留在那个砸缸的聪慧少年，想不到他也是一个爱茶人。

有一日，司马光邀好友斗茶，这些文人士子带上各自收藏的好茶，携上茶具共赴这场茶约。

苏东坡这人最爱斗乐，和佛印斗禅，和王安石斗法，和司马光斗茶。他一听要斗茶，

兴致就来了。

苏东坡和司马光都带了好茶，但苏东坡用得是隔年雪水泡茶，雪水的水质好，茶汤味纯，自然是他赢了此局。

司马光看到苏东坡的茶盏汤色呈白色，有些不服，给他开了一个半真半假的玩笑。司马光说："茶欲白，墨欲黑；茶欲新，墨欲陈；茶欲重，墨欲轻。君何以同爱二物？"

这话意思是说：茶要白，墨要黑；茶要重，墨要轻；茶要新，墨却要陈。苏东坡你为什么会同时喜好这两件东西呢？

俩人一边斗茶一边斗嘴，苏东坡不慌不忙，笑着说："二物之质诚然矣，然亦有同者。"

但是司马光对这句话不解，问他是何原因。苏东坡从容而道："奇茶妙墨俱香，是其德同也；皆坚，是其操同也；譬如贤人君子，黔皙美恶之不同，其德操一也。公以为然否？"

他的回答是说，司马兄，难道你没发现好茶和妙墨都有清雅香气吗？茶与墨有共同的品德，茶和墨两者都坚实，这恰似它们的节操。

正如贤人和君子一个长得黑，一个长得白，一个端正，一个貌丑，但是他们品性却是一致的。所以茶和墨我都喜欢，难道你不这样认为？

苏东坡短短一席话，让司马光钦佩不已，这便是流传世间的"墨茶之辩"。

茶似佳人，墨如君子。无论嗜茶还是嗜墨，都有君子沉稳和佳人清香之意，这与宋人所追求的茶道境界不谋而合。

苏东坡把对茶和墨的热爱相融共生，字墨化成茶诗，茶诗化成书画，直到迸发出畅快喷薄的力量。

迢迢长河里，人心最易变幻，只有他不变的风骨最终点燃漫漫长夜。

很喜欢一句话：君子和而不同。

苏东坡认识司马光时，两人同朝为官，但司马光是他的士林前辈，那时已经官至宰相。

可以说司马光是有恩于苏东坡的，更是亦师亦友。司马光曾向皇帝推荐过他为谏官，承认自己"敢言不如苏轼"。

后来又因苏东坡的"乌台诗案"受到牵连。好友入狱后，御史台也派人搜查司马光，司马光坦承与苏东坡是密友，一直替他说话。

司马光骨子里觉得自己跟苏东坡是一类人，曾多次写信给牢中的好友，表达对他的欣赏，请求朝堂不要对他进行处罚，俩人在逆境中诗书唱和，相互慰藉。

苏东坡和司马光都有茶和墨的精神气质，所谓"墨茶俱香"，斗茶斗嘴本就是图一个开心玩乐嘛。

只是文人总想救苍生。一个要变法，一个要守旧，到了后来，两个人换了角色，之前支持变法的不想变法，另一个坚持守旧的又要重新变法。

王安石变法过后，苏东坡和司马光有了矛盾。一会儿在朝堂上争来争去，一会儿又在私底下生气。气到最后，苏东坡说司马光是一头太犟的"司马牛"。

当然这些只是君子之争，苏东坡反对新法也好，不支持旧法也好，完全是出自公心，朝堂政见的分歧并未真正损害他们的友情。

司马光病逝的前两月，苏东坡曾为了免役法和他争论，一生气跑到司马光的府邸想要骂他，但却吃了一回闭门羹。

后来听闻司马光已经先他而去了，苏东坡不胜悲痛，连写三篇祭文怀念故友，高呼称赞司马光是百世一人，千载一时。

这两人都是言行朗朗，此心光明的人，什么政见，什么变法，都随风而逝了。他怀念的只是当年的斗茶互乐，生死相托的恩与义。

苏东坡是一个走到哪都能交到朋友的人。这一路有人称赞他，有人助力他，有人诽谤他，有人诋毁他，无论与谁同行，他始终践行君子和而不同。

如果这些文人知道今朝的我们这么懂得他们，说不定会从书里跳下来。莫谈什么宋大夫风骨，也莫谈什么理想主义者的悲凉。来来来，茶要饮，酒也要饮。

一句"碧山人来，清酒满杯"足以乐而忘返。喜欢你的朋友，翻山越岭都会找过来，这样的人才是我们走长路的同道人。

【苏东坡和米芾】

内心如春 遥遥在望

壹

他在雪堂煮水烹茶，满室生香，等候一位远人。

这时，一身唐人装束的年轻人轻叩雪堂之门，携着满袖山风走进来，苏东坡觉得眼前这男子冠服效唐人，风神萧散，音吐清畅。

米芾看见他迎向前来，心尖儿也跟着雀跃，激动得双手抱拳，毕恭毕敬鞠上一躬。

苏东坡热泪横流，自从被贬到黄州后，朝堂上多少朋友远离了他。可这位年少之人冒着被牵连的风险来看望自己，这一面足以慰平生了。

他安排家人拿出自酿的米酒，与好友一起款待这位青年才俊。他们谈诗论

文，说书评画，让寒意未尽的雪堂热气四溢。

烹茶畅谈时，苏东坡起身从书房中拿出一轴装裱精致的书画。米芾一眼看出这是唐人吴道子的画风，那飘逸的衣裾，细如毫发的梵像，虽然历经多年，仍栩栩如生。

米芾来之前，有人劝告他不要被苏东坡连累了。可他毫不在意他人眼光，苏先生如苍苍云松，钦慕都来不及呢，他不远千里也要赶到黄州看望一生敬仰的苏东坡。

在雪堂短暂几日，他们一起交流书画和石砚。苏东坡本来心结烦闷，看着相聚在这里的人互相照拂，是那样飒然快活，仿佛聊到天昏地暗就能为友人赴汤蹈火。

待到米芾要告辞归家时，苏东坡在临皋亭宴酒为米芾送行。他推心置腹告诉米芾，让他一心"始专学晋人，其书大进"。

后来他专程写信给米芾："示及示及数诗，皆超然奇逸，笔迹称是，置之怀袖，不能释手。异日为宝，今未尔者，特以公在尔。呵呵。"

信中意思是说，米芾你的诗写得真好，放在将来肯定是人人争抢的奇才啊。现在没人看重，是因为你还活着呢。这一句"呵呵"看似调侃米芾，更多是苏东坡对他的宽慰和舒缓。

回去后，米芾听从苏东坡之言，以晋人书风为旨归，寻访了不少晋人法帖，晚年甚至将其书斋取名为"宝晋斋"，开始走上了一条通向书法大家的灿然道路。

此后米芾和苏东坡分别在各地辗转任职，始终无缘会面。直到俩人先后回京同朝共事，再次故人相逢。

米芾人好清狂，喜穿唐服，遇石称兄。是一个标致可爱的性情人，怎么舒心怎么来，得了个"米颠"的称谓，京师的一群名士都爱与他交游玩耍。

那时的汴梁箫鼓喧空，有金池宴饮，有州桥明月。苏东坡约着米芾一群文人志士参加西园雅集，吃茶弈棋。

每次雅聚，米芾会把他的诗文和临帖请苏东坡参详，并请他题款作跋。苏东坡一生惜才，说他的字超逸入神，是风樯阵马，沉着痛快，随手写几行字，足以媲美王羲之了。

米芾对苏东坡更是敬重有加，虽未正式拜师，但一直以老师相许。称赞他的书法是玉立如山老健身，如同山谷寒松姿态挺拔，风骨老练。

苏东坡是金光绕身，米芾如杳霭流玉。他们文采相惜，时常以尺牍诗句往来，有次苏东坡实在想约米芾交流书画，他一下朝就给米芾写信，约他"旦夕间一来相见否"。

这一句真是写出了盼情郎的意味，恨不得每天相见才好。明明已经远远道别，他却还想要再看一眼。

贰

苏东坡和米芾同是好茶之人。

有次苏东坡出任杭州太守，途经扬州时，特意邀约米芾前来相见。他拿出珍藏的密云龙贡茶一起品尝。

有一次州郡长官宴请米芾和苏东坡等一众清流，那次茶宴让米芾很难忘，回去后写下了这首《满庭芳·咏茶》：

雅燕飞觞，清谈挥麈，使君高会群贤。密云双凤，初破缕金团。窗外炉烟自动，开瓶试、一品香泉。轻涛起，香生玉乳，雪溅紫瓯圆。

娇鬟，宜美盼，双擎翠袖，稳步红莲。座中客翻愁，酒醒歌阑。点上纱笼画烛，花骢弄、月影当轩。频相顾，馀欢未尽，欲去且留连。

宋人煮茶，特别讲究选水。茶主人把泉水倒进茶瓶，用风炉加热，再投入茶叶，沸腾时有白色泡沫浮在茶汤上面，称为"雪花乳"。

茶宴上，苏东坡和米芾烹泉点茶，清谈闲论，喝的是皇帝御赐的贡茶密云龙和双凤团。茶烟袅袅升起，园子里已点起了纱笼画烛，马儿踢脚嘶叫，明月清影已照满庭轩，真是良宵苦短。

他这具肉身多次长途跋涉，内心

如春遥遥在望。苏东坡终于和米芾又相遇了，这次仿佛过了几辈子似的。

饱经磨难的苏东坡从岭南回归，米芾远道赶赴润州看望，他还特意戴了一顶白毡小冠出来与米芾相见。

两人舟中夜话，以诗相送，一起同行游览金山寺。有人请苏东坡题字。他谦虚地说有米芾在，我就不用题字了。还拍拍米芾的背，说他"今则青出于蓝矣"。

这次会面后不久，苏东坡自儋州北归时不幸染疾，米芾多次探病送上麦门冬饮给他。他们时常通宵不寐，聊得痛快，米芾说世上只有苏东坡才真正懂他。

此时的米芾，即将入京任职，他特意来向苏东坡辞行。他强撑着身子从床榻上起来，亲自送别米芾。

不久后，苏东坡在去往常州的路上不幸客死他乡。东坡先生放下了回京的路途，放下了对故土的眷恋，放下了对故人的思念，自此神游而去。

米芾得到苏东坡去世的消息，悲痛万分，写下了多首挽诗，说东坡先生化成玄鹤登仙去了。

我从滂沱大梦中醒来，见得这些飒爽的文士奇才，一个风采洒落不坠鸿鹄志，另一个像飘蓬江海纵情在人间，多么让人心驰神往。

这样好的天气，且与过去的自己坐上一坐。仿佛轻呼一声，这些古人穿花拂柳而来，与我们对酌，道尽人世的离散和团圆。

世事玄妙，众生各有归途。趁着春来心不孤，趁这旖旎春夜喝茶喝个够，把身上这颗尘心洗尽铅华。

【苏东坡和苏辙】
与君世世为兄弟

壹

有人说苏东坡的人生是一直被贬，那他弟弟苏辙的人生是"一直在捞哥哥"。

从小苏辙跟着哥哥苏东坡一起在道观读书，一起登山玩水，哥哥还经常拉着他扮神仙。每次玩乐，他见到哥哥逍遥泉石之上，采些山花野草，渴了便捧起一汪泉水喝，仿佛他要与神仙同飞归去。

少年时的苏东坡，在弟弟眼中是一个充满着乐趣的人。天地可以歇宿，明月松柏都能赏玩，苏辙心里不知有多羡慕他。

苏东坡曾说苏辙亦弟亦友，苏辙也说他亦师亦兄。俩人同榜考中进士，宋仁宗看过他们的文章后，激动地说"朕今日为子孙得两宰相矣"。

哥哥潇洒旷达，弟弟内敛沉稳。他们志趣相投无话不谈，文学上相互唱和，仕途中携手共进，无论经历怎样的福祸荣辱，他们的感情始终如一。

有一年苏东坡赴凤翔任签判，苏辙前来送行，这是兄弟俩的第一次别离。他久久不肯离去，一直目送弟弟鞍上的背影渐渐远去，望着苏辙头上乌帽在山坡间忽隐忽现，直至消失不见，还一直担心弟弟穿不暖吃不饱。

后来苏东坡身陷"乌台诗案"，弟弟苏辙担心不已，立即上书皇帝，写下《为兄轼下狱上书》，请求削去自身官职来替兄赎罪。哪怕辞官救兄，拼上一个孝字，也要叫朝廷不杀子瞻。

苏东坡以为自己命绝于此，在狱中留给苏辙一首绝命诗："是处青山可埋骨，他年夜雨独伤神。与君世世为兄弟，再结来生未了因。"

苏辙读完此诗后大哭不止，他好想陪着哥哥痛饮与大笑，陪他长吟又长歌。后来这首诗辗转到了宋神宗手中，皇帝看完后也为他们的手足之情所动容。

苏东坡的被贬之路是黄州、惠州、儋州，苏辙的被贬之路是筠州、雷州、循州。

他们在患难中，始终友爱弥笃。听闻苏辙喝酒过度犯了肺病，他写诗劝说弟弟多加保养。听闻苏辙在筠州与长官不和，他劝弟弟不必委屈自己，大不了来黄州归隐田园，也能怡然自得。

世人只看到哥哥的旷达一面，可苏辙却时时刻刻牵挂着他的心情起落。

苏东坡到了黄州之后，苏辙亲自护送哥哥的家眷而来，还作诗良苦规劝哥哥："从此莫言身外事，功名毕竟不如休。"后来他到惠州连路费都凑不出来，苏辙更是倾其所有资助了哥哥七千缗。

直到苏东坡被贬海南时，他和弟弟在藤州相遇，他们或许预料到这将是此生最后一面了。分别前夜，俩人坐在床边促膝长谈，约定年老时共辞官职，找一处清净之地弹琴论诗，饮茶欢歌。

那晚苏东坡的痔病发作，苏辙一夜未眠贴心照顾，还念了一整晚陶渊明的《止酒诗》，苦口婆心劝哥哥戒酒。

翌日清晨，苏东坡登舟渡海，自此两人天各一方。

在儋州期间，兄弟之间依旧诗信不断。苏东坡给弟弟分享苦中作乐的海岛生活，苏辙也写信给哥哥说自己当了曾祖。有时等不来弟弟苏辙的书信，他还会担忧，用《周易》卜上一卦，想知道苏辙是否平安。

他一孤独就想弟弟，想弟弟就盼着但愿人长久，游历四方得了好物只想寄给弟弟，写诗说想起少年时"对床听雨"的旧约，可弟弟却不在身旁了。

天下虽有同道人可交，但四海只有一个子由。

苏辙和哥哥一样，不仅爱茶，也是煎茶高手。

他不但在自己的诗文中显露对茶的喜爱，甚至和苏东坡在书信中切磋茶事。哥哥在杭州任通判时写《试院煎茶》，他就和一首《和子瞻煎茶》，说"相传煎茶只煎水，我今倦游思故乡"，感怀自己对兄长的想念。

苏辙说闽中茶品天下高，倾身事茶不知劳。侍茶人的身体从不知疲倦，茶汤里的滋养，让他的性情温存沉稳，敦厚善良。

他被贬到远僻荒凉的筠州后，并不觉得这里"险远为患"，反而认为自己来筠州最适宜清修静心了。

有一回苏辙来到这里的黄檗寺，见得寺旁的茶花清香飘溢，农人悠闲采茶，于是心情激荡写了两首茶诗，表达对茶的赞美之意，更有一种苦中作乐的达观。

有茶解苦，有兄长宽慰，苏辙最终悟到"清泉自清身自洁"的修行境地。

多少个夜晚，他和哥哥苏东坡喝茶论诗，曾借宿僧舍，写诗题壁，那时意气如少年。

苏辙虽然敬仰哥哥，但并没成为苏东坡的影子。他有汪洋澹泊的才华，甚至官至宰相，依旧终生为哥哥"负重前行"。

他对哥哥的好，被完完全全地知晓。哥哥的不易，他完全能理解。哥哥的梦想，更被他稳稳当当地托住。

苏东坡如耀眼日光，苏辙如月光深静。他们互相辉映，相伴相携，彼此都活成了自己人生的主角。

晚年的苏辙在整理哥哥的遗作时，发现了他们曾经来往的诗文，忍不住涕泗滂沱，悲痛叹息"归去来兮，世无斯人谁与游"。

这一生温暖又悲凉，这一生快意又苦闷，这一生潇洒又漂泊，这一生是如此之难，又如此之好。

苏东坡是嬉笑怒骂随风去，苏辙是诗词茶酒皆真心，这对兄弟比任何人都热爱这片江湖人间。

在每一个寂寞的夜晚，他们兄弟许下"功成身退，夜雨对床"的约定一次次重现，重重叩击着我的心门。

苏先生，你们是不是正披拂着清朗的光向我们走来？如果是，我想邀几朵山花作陪，我们一起将一壶老茶喝到无味，喝到连花儿也睡去了吧！

【苏东坡和欧阳修】

好在青山绿水间

　　一个是坡仙，一个是醉翁。

　　苏东坡是在进京科考时遇上了欧阳修这位恩师，得以名动京师。他们相差三十余岁，却惺惺相惜，亦师亦友。

　　当时欧阳修是主考官，看过他的文章之后，浑浊的目光亮了亮，心情暗藏激荡，觉得自己这是捡到天才了。

　　此后他逢人便夸苏东坡的文章将独步天下，说"此我辈人，余子莫群。我老将修，付子斯文"。欧阳修还在给好友梅尧臣的书信中夸赞，说老夫当避路，放他出人头地。

　　欧阳修爱才如命，他一直想寻找这样一个进取的、有见地的、有才情的年轻人。作为一代文宗，他德高望重，却毫无嫉贤妒能之心，以宽广胸怀给布衣学子留出一片广阔天地。

　　在苏东坡眼中，欧阳修既是偶像又是老师，更是他父子三人的恩人。

　　他眼中的老师是施政各地却不求虚名，世人称老师为"照天蜡烛"。他眼中的老师是即便被朝堂小人抹黑，依旧用坦荡之心写下"醉翁之意不在酒，在乎山水之间也"的豪情奇人。

欧阳修的容人之量和逆境心怀，让苏东坡高山仰止，开始了一生的追随。他们在仕途中共进退，才情上共切磋，生活中共互助，精神上共慰藉。

欧阳修和苏东坡都曾不满王安石变法，遭到王安石一党的弹劾。欧阳修挥袖离开宦海辞官归隐时，很多人对他的做法不理解。只有苏东坡洋洋洒洒写信祝贺他，说我的老师多么有智慧有勇气。

苏东坡到杭州担任通判时，正好欧阳修在颍州退隐，他亲自前去拜访老师。在欧阳修的平山堂，他们坐花载月，或饮茶弈棋，或携琴把酒，都是欣然忘归的好光景。

欧阳修六十五岁大寿，苏东坡邀请老师来杭州一起泛舟西湖。他说恩师的寿诞，得插花起舞助兴。说老师即便到了一百岁，也会活得很潇洒，一挥袖就是一股仙风。

他说世人大多活得辛苦，只有眼前这位醉翁乐在其中。他努力写诗劝老师饮酒，想一醉方休，只是可惜没有像桓伊那样善于弹筝的人为他们助兴了。

苏东坡把欧阳修视为仙人，写恩师如同"赤松共游也不恶，谁能忍饥啖仙药"，想象欧阳修和赤松子一起御风遨游。只是仙人不食人间烟火，吃仙丹就能饱腹。而老师是凡人，不吃饭就会饿，不喝酒就没劲，还是做一个有趣的凡人罢了。

是啊，做神仙有什么好，许多欢乐无法享受，还不如在人间尽情逍遥。

欧阳修去世时，苏东坡正在孤山惠勤禅师处饮茶叙话。听闻老师先逝，当即便在寺中专门设立灵位，穿丧服祭奠，还拉着禅师大哭了一场。

他含泪写下一篇祭文，让书童送往千里之外的汝阴。一句"欲吊文章太守，仍歌杨柳春风"，背后是感谢老师一片惜才爱才的如山之恩。

一个先行离开，一个独自回忆，心中有多少音容笑貌，就有多少笔墨咫尺。那些一起喝过的茶，见过的人，聊过的真心话，都是令人舒坦之事。

很多年以后，苏东坡回到老师的平山堂，都会记得这一幕。那是俩人"安得促席，说彼平生"的回忆，是和对的人，一起喝一壶对味的茶。

庆幸的是，恩师终于在青绿山水间得到解脱，不负醉翁之意。

苏东坡爱茶，是受欧阳修的影响。

考上科举之后，父亲带他和弟弟到京城拜访翰林学士欧阳修。一进到

他的府邸，欧阳修便拿出产于凤凰山北苑的贡茶，亲自给他们父子倒茶，这茶是欧阳修多年的珍藏之品。

从那以后，他记住了老师欧阳修，记住了老师家的好茶，更记住了茶里的各色滋味。

欧阳修虽称自己是醉翁，可茶始终伴随他一生。他说自己是"所好未衰惟饮茶"。除了督造贡茶和参与茶法改革外，他还喜欢诗人黄庭坚家乡的双井茶和皇帝赐予的小龙团茶。

他和苏东坡若得了好茶，时常往来互赠。喝完还要写信告诉对方喝茶之后的感受，彼此茶诗唱和。

欧阳修与苏东坡是宋茶美学的代言人。老师喝茶比他更讲究，说"品茶最佳境界是泉甘器洁天色好，坐中拣择客亦嘉"。喝茶得配甘甜的泉水，洁净的茶器，上好的佳景，遇见有缘分的嘉客，这样共饮好茶才是人间美事。

有一回苏东坡在家乡四川眉山得了一款绿茶，他把此茶送给恩师，欧阳修品饮后大加赞赏。后来被书法家蔡襄听到有如此好茶，心中暗自不服，便提出要与苏东坡斗茶，请欧阳修和一群雅士品鉴。

当日两人各自烹茶，苏东坡用的是翠竹浸沥过的泉水，茶香中含有竹香，自然比蔡襄胜出一筹。欧阳修说苏东坡素来喜欢竹子，提议这茶就叫东坡翠竹吧。

晚年的欧阳修自称有藏书一万卷，有夏商周三代的金石遗文一千卷，有琴一张，有棋一局，有酒一壶，再加上自己，正好取名"六一居士"。

他病逝后，学生苏东坡亦自称东坡居士。他们师生之间有过傲岸的风骨，也都在纵浪大化中与内在的自己和解。

这对千古师生是红尘中的一对真人，对自己的生命尽情投入，一路跋山涉水，心境皆是一览众山。

苏先生曾说人生看得几清明，有时想想，做一个世人称赞的成功者，不知要等待到何时，还是做一个清亮之人足矣。

很庆幸此生吾道不孤，希望自己与同道好友们，还有机会一起去看四时的花，听古寺的钟鸣，暑夏时共饮清泉，冬雪时道一声"能饮一杯无"。

很多时候我们都会说，来日方长，可是来日又是何日呢？还是趁此时，拂去衣上雪花，我们一起去看天地浩大，可好？

【苏东坡和王诜】

此心安处是吾乡

今日有些许凉意，光影也清透，我走在路上忽然很想念散落天涯的友人。

很想去看看她们，说一会儿话，喝一回茶，感叹一回过往人生，把这些年的见闻和心路悉数向她们道来。

而远在黄州的他，又是如何思念好友王诜的呢？

昔日的西园雅集浮现眼前，苏东坡想起驸马王诜的府邸，他们时常饮茶吟诗，喝酒泼墨，寻山访道。那时的江山还似旧日温柔，可一回首却不见身后故人。

王诜是当朝驸马，可他抛开身份，不在意礼数，时常与出身寒门的文人交游往来。堂堂驸马和当朝名士，按规矩来讲不宜交往过密，可两人并没有避嫌，他对苏东坡格外真心。

相识以后，王诜经常给苏东坡送钱送物，接济他的生活。诸如酒食、茶果、珍玩、书画之类，甚至自掏腰包帮他出版诗集，当时京师很多文人雅士争相阅读。

凡是苏东坡请托，王诜无不应允。苏东坡手头拮据时没少向王诜借

钱，到最后也没能力还。后来他被贬去密州也是频繁收到王诜送来的药物、笔墨纸砚、锦缎之类的珍贵物品。

俩人不仅是金兰之契，更是生死相依的患难之交。

当时御史台言官上奏弹劾苏东坡"愚弄朝廷，妄自尊大"，朝廷派钦差前往湖州准备将他逮捕入狱。

王诜最先听到风声，冒着巨大的风险，立马派人给苏东坡的弟弟苏辙通风报信，让他早作应对。在很多人忙着焚烧与苏东坡往来文章时，王诜却拒不交出苏东坡的诗文，也因此被削除一切官爵。

"乌台诗案"爆发，在王安石和苏辙一帮人的大力营救下，苏东坡免于一死，被贬去黄州担任团练副使。

所有被牵连的朋友中，王诜是被贬得最远，受到的责罚是最重的，他被贬到不毛之地岭南宾州，做了个盐酒税的小官。

到了黄州后，苏东坡最挂念的人，就是王诜。面对被自己连累的好友，他万般愧疚，一直不敢给王诜写信。

日子长了，他实在忍受不住这份牵挂，写起信来一发不可收拾。信中反复说王诜被他连累惨了，他被流放那是命，可王诜身为皇亲，本不应当遭这种罪。苏东坡劝王诜不要灰心，告诉他每日饮少量酒，调节饮食，这样胃气壮健，能对付当地的瘴气。

远在宾州的王诜对苏东坡没有一丝一毫的怨恨，他丝毫不在意被牵连。在他心里，只需要苏东坡一声呼唤，他都会陪着行游四方。

为了安慰苏东坡，王诜给他的回信中谈论道家长生之术，说自己正在宾州修行，一点也不苦，这是磨炼心性。

这时的王诜远离朝堂，重返山水之间。他专门画了一幅《渔村小雪图》寄给苏东坡，画中的他们如同高士在小舟上垂钓，抱琴与童子游荡，自有林下风味，无一点尘埃之气。

苏东坡赞叹这位贵公子"不失其正，诗词益工，超然有世外之乐"，夸王诜该写诗就写诗，该画画就画画，多么超然世外。

等到王诜终于熬出头，得以恢复驸马都尉称号，这时的苏东坡正好遇赦北归被召回汴京。在皇宫殿门外，同时被召回的两人重逢了。

时隔七年，他们从临风轻狂到苍颜华发，从年少春衫薄到雨打风吹去，那一刻老友相逢是何等心境，是泪湿衣襟还是无语凝噎？

苏东坡喜极而泣，他亲自设宴给王诜接风洗尘。在宴席上，他遇到了王诜的侍妾柔奴，望着这个清雅的女子，他问道：岭南的生活应该不大好过吧？柔奴淡然一笑说，此心安处是吾乡。

这句"此心安处是吾乡"，对苏东坡是莫大的安慰。这七个字远远超越了他痛苦之后的旷达心量，比其他一切都来得更惊心动魄。

其实王诜在岭南过得并不好，他经历了妻亡子故，两个儿子一个死在宾州，一个死在家里，他本人也差点病死。可王诜没有怨恨不公，没有抱怨岭南的生活，更没有怨恨苏东坡这个朋友。

他百感交集，挥笔写下这首诗：

常羡人间琢玉郎，天应乞与点酥娘。尽道清歌传皓齿，风起，雪飞炎海变清凉。

万里归来颜愈少。微笑，笑时犹带岭梅香。试问岭南应不好，却道：此心安处是吾乡。

归来京师后，王诜与苏东坡在西园饮茶品画，直抒胸臆。王诜和诗，并画了一幅水墨《烟江叠嶂图》赠于苏东坡，画卷中的晴峦青山正是他所渴盼的世道。

苏东坡是懂王诜的，他在画卷中写下题跋告慰好友。心里的忧愁终有一日将如云烟飘散，青山自始至终屹立屹然。

可他们真的快乐吗？真的已经看透功名利禄了吗？真的可以恣意行游天地间了吗？也许并没有吧！这些风仪落落的人将心境化为山水，去打开另一重生命，寻求那份游意淡泊。

从此舟到彼舟，他们曾迷茫，曾感叹，却又无时无刻不在做着自己的晴川山峦梦。可人生哪有真正安定的彼岸，这如梦人生，谁一辈子又能真正做到率性而为呢？

然而，生命的意义正是寻岸行旅，王诜说自己聊将戏墨忘余年，苏东坡的少年意气更是倏忽腾起，犹如一棵百年老树长出新枝。他的心里留着一盏长明灯，从没有熄灭心志。

你看，岁月在风声树影中匆匆飞逝，

而我们身在其中不过是起起落落罢了。

只有苏先生留下一个赫赫如朗日的身影，隐入千年前的天际间，却足够点亮后来人的凡尘人生。

此时已入春，春光的馈赠不止是烂漫的好天气，还有正在绽放的我们。

【苏东坡和秦观】

鱼传尺素 驿寄梅花

在秦观心里，他是寒夜里一盏盈盈烛火。自己浩荡的才情和内心敏思，才得以灼灼照亮。

影响自己一生命运的人，只有苏东坡。

苏大学士名望传遍天下时，少年的秦观还只是一个不得志的学子，他早已存了想要与苏东坡亲近之心。

得知苏东坡要来扬州，秦观提前跑到扬州大明寺壁上题诗，写完后故意落上苏东坡的名字，想着这样就能引起他的注意了。

苏东坡到了扬州，果真到了大明寺游玩，正好看见石壁题诗落款的是自己的名字，觉得很有意思。他四处打听，从友人那里知道了秦观的名字。

隔了几年，他们终于要相见了。苏东坡在徐州任知州，秦观入京赶考途经徐州，特意前来拜访仰慕已久的苏东坡，还亲手附上自己的诗文《黄楼赋》。

苏东坡是被秦观的这句"我独不愿万户侯，惟愿一识苏徐州"震撼了，词里的气势与他的气韵如此相似，透着耿耿骨气。

这一见如同定终身。苏东坡非常欣赏他的才华，称赞秦观有屈原宋玉之才，鼓励他用心科考，这让秦观心感宽慰。

只是再澎湃的才学，都得落入世俗人情里。尽管秦观祖上皆是儒士，可家道中落，他空怀大志，只能给他人当幕僚，依靠祖业百亩薄田耕作而生。

秦观一生经历过三次科考，第一次科考失败后，苏东坡写信安慰他，同时把他极力举荐给宰相王安石，向他拜呈秦观诗文。

这样的才子怎能不爱惜，苏东坡正式接纳秦观为弟子。那时拜师仪式办得十分隆重，以致在徐州城引起了全城轰动。秦观执弟子礼，苏东坡称他为杰出之士，从此秦观成为"苏门四学士"。

科考之路犹如登山揽月，秦观前两次科考都名落孙山，这让他越发忧郁。苏东坡写信劝勉秦观不要放弃，安慰他说没考上丝毫不损少游的清名。

他替秦观叫屈，说是主考官有眼无珠，不识贤才之不幸也，还在信中细心问候他起居何如，叮嘱秦观要万分自爱。

在恩师苏东坡的鼓励下，秦观沉下心来再次参加科考，这次终于顺利高中进士，被授予蔡州教授一职。后来更是在苏东坡和王安石的推荐下，他被调回京城任职，成了一名史院编修官。

在京师任职时，是他们师生畅快恣意的良辰美景。苏东坡和秦观时常结伴同游，一起参加西园雅集。秦观写了一首《满庭芳·山抹微云》，苏东坡便亲切地称呼他为"山抹微云君"。

有一年端午节，苏东坡、秦观和僧友参寥子一起游惠山寺。他们坐着肩舆，让轿夫随意走，走到哪里或是觉得哪里好就落轿歇息。

一路上苏东坡和他们诗歌唱和，访僧问道，见得山色风露和星光月影，大声仰赞天地长养之德。待走到惠山寺闻见幽香阵阵，苏东坡亲自用惠山泉水烹茶，真是沉醉不知归路。

当夜，苏东坡写了一首诗《端午遍游诸寺得禅字》，秦观也写了一首《同子瞻端午日游诸寺赋得深字》与他相和。

　　他称赞老师如同玉树一般的贤才，而自己如同芦苇粗陋乏才，与苏东坡结交，总觉得很是惭愧，感谢老师对他的情深意重。

　　如若不是苏东坡，秦观只是个怀才不遇、落寞归田的人。此番知遇之恩如同惠山寺的幽幽流泉润物无声。

　　哪个凡人不经历岁月冲撞，即便是如他心中闪耀的老师，更是被撞出一身的筋骨痛。

　　"乌台诗案"后，苏东坡被贬到了黄州，秦观作为他的得意门生也一同被贬。先是被贬为杭州通判，后来又被贬到湖南郴州。

　　好在他们一直鱼传尺素，驿寄梅花。秦观从不避嫌写信慰问，常常关心老师的日常起居，苏东坡给秦观的回信写得更长，视他为自家人，家里杂事都絮叨着说给秦观听。

　　秦观最后被贬到雷州，他经常回忆起昔日他们在汴京金明池相会，和老师一块出游的情景。只是人生迟暮，现在还存活下来的已经没有几个故人了。

　　当他得知苏东坡将遇赦北归，当即寄书一封期盼相见。苏东坡回信道："若得及见少游，即大幸也。"

　　重逢的日子终于来了，苏东坡北归途经雷州时，这才见到多年未见

的学生秦观。

只是师徒二人都已垂垂老矣，历经艰辛的他们就像从南飞来的燕子与向北而归的鸿雁，抬眼看对方都是满面风霜。

一番叙话过后，秦观亲自烹茶备酒。他劝老师不必匆匆上路，好茶美酒当前切莫辜负，不妨好好痛饮一杯。

只是饮完后，他们又会像落花流水一样各奔西东。此后不知何日才能相聚，唯见那江烟弥漫和暮云重重，于是秦观挥泪写下这首诗。

南来飞燕北归鸿，偶相逢，惨愁容。绿鬓朱颜，重见两衰翁。别后悠悠君莫问，无限事，不言中。

小槽春酒滴珠红，莫匆匆，满金钟。饮散落花流水各西东。后会不知何处是，烟浪远，暮云重。

相比老师的疏阔潇洒，秦观心灵善感而寄情深微，他的诗词弥漫着浓雾细雨一样的忧愁。

想当年那个"我独不愿万户侯，惟愿一识苏徐州"的爽朗少年，到如今只剩下"别后悠悠君莫问"的黯然飘荡，曾经眼里闪烁的那些光也没了。

送别那天，秦观还将自己写的挽词给老师看，他自觉不久于人世，效仿陶渊明先生自作挽词。苏东坡看完还说秦观已勘破生死，让他好生敬佩。

送走老师没多久，秦观在赴任途中停脚歇息，谈笑间口渴索要饮水，结果等人送来时，他面含微笑不再作声，竟然就这样过世了。

这一面，终是饮散花落，流水各西东。

后来苏东坡听闻学生秦观病殁途中，他又惊又痛，两天没有进食水米，强撑着一身残躯亲自赶往藤州，追了一路都没赶上见他最后一面。苏东坡悲恸欲绝，一声声说着"少游已矣，虽万人何赎"。

苏东坡想起曾经的秦观多么豪隽慷慨，他把字从"太虚"改成"少游"，就是想自由自在做个田舍翁，一起骑驴行游山河。

秦观和老师不同，他有太多执念的婉约忧思，而苏东坡是将沉郁化为豪放，把生活之苦化成了生命本质上的张扬。

夜深无眠，一个人遥听身体之内的山花纷扬。眼前的我被套住了心，勾住了魂，吟着秦观的诗，与这对千古人物同呼吸。

望风怀想和他们同去看花饮茶，夜中归来时手持一枝暗香逸逸的梅花。

【苏东坡和黄庭坚】

君子之交淡如水

　　"寒夜客来茶当酒"，一直觉得是茶中最迷人的句子了。

　　遥想以前的古人，披星戴月探梅访友，以茶代酒，时间也正好够用，一烛一席一谈就是一个明月夜。

　　每次读到这句诗，我就想起他，只有我们的东坡居士和山谷道人一起喝茶才称得上茶醉如酒了。

　　苏门四学士中，才华堪比苏东坡的，唯有黄庭坚。

　　黄庭坚的命运与苏东坡紧密相连，从小他出生在一个文风极盛的书香世家，不仅文才槃槃，其书法国画更是精妙绝伦。

　　苏东坡初次读到黄庭坚的诗

文时，称其"超轶绝尘，独立万物之表"。极其欣赏他的才华，多次在宴席上诵读黄庭坚的诗作。当时俩人在各地任职，一直诗文唱和。

"乌台诗案"之后，苏东坡遭遇牢狱之灾，被贬谪黄州。黄庭坚当时官职低微，却很讲义气，一直写文力挺苏东坡，说子瞻是最了不起的文人，子瞻忠君爱国，子瞻无罪，那时他们甚至还没有见过面。

别人劝黄庭坚识趣一些，让他和苏东坡断绝往来。可他仗义如山，俩人酬唱之作更被当成诋毁朝廷的罪证，他也因此受到牵连被贬。

后来待到朝廷用人时，又想起了他，黄庭坚得以秘书省校书郎之职应召入京师。这时苏东坡也从牢狱中放了出来，调回京城任职，这对神交多年的文友此时才终于相见。

之后黄庭坚正式拜在苏东坡门下，即便有人称赞他的才情比起老师有过之而无不及。可在黄庭坚心里，苏先生如皓月当空，他始终执弟子之礼。

苏东坡好茶，他也好茶。苏东坡好书法，他也好书法，苏东坡爱斗嘴，他也陪他乐呵呵。

有一回黄庭坚收到家乡的双井茶，如此珍贵的贡茶，必要与恩师苏东坡共享。他即刻千里迢迢寄给苏东坡，还对恩师劝勉，让他别忘了被贬黄州之苦，倒不如功成身退，像范蠡归湖荡舟岂不畅快。这才是黄庭坚赠茶的真实用意，这份关切可谓用心良苦。

苏东坡收到双井茶后，还不让僮仆随便烹点，他自己亲身烹茶，以此表达对好友赠茶的爱惜。

一有好茶，俩人就彼此分享，记得黄庭坚去黔州寻访都濡茶，还将月兔茶推荐给老师苏东坡。

苏东坡把黄庭坚当作推心置腹的好友，除了相互赠茶，他们还爱诗文唱和。苏东坡写《春菜》，黄庭坚就写《次韵子瞻春菜》；苏东坡写《薄薄酒》，黄庭坚就写《薄薄酒二章》；黄庭坚写《食笋十韵》，苏东坡就作《和黄鲁直食笋次韵》。

世道纵然纷争，可他们有自乐之道。有一回苏东坡和黄庭坚在松树底下下棋，突然一颗松子落到棋盘上，黄庭坚立马出了上联："松下围棋，松子每随棋子落。"苏东坡正好看见河边有人坐在柳树下钓鱼，立刻对了下联："柳边垂钓，柳丝常伴钓丝长。"

只是纵情开怀的日子总是短暂，苏东坡的后半生被一贬再贬，黄庭坚同样也是被一贬再贬，被贬次数竟多于他的老师苏东坡。

最后一次相见，苏东坡临行前邀约黄庭坚在鄱阳湖边相会，他们对着青山溪水喝茶叙旧，只是没想到这次相会成为此生诀别。

苏东坡被贬到海南岛时，给黄庭坚寄来亲手写的《寒食帖》，黄庭坚还为此写了跋文，还没等到苏东坡见到这篇跋文，他就病逝在回来的途中，两人再无重逢之期。

为解对恩师的思念，黄庭坚在家中高悬东坡画像，每天都要衣冠整齐献香致敬。深夜对月喝茶，他总会不自觉地念叨，一句"东坡道人已沉泉"让人几欲堕泪。

他们之间如同君子之交淡如水，如水并不是淡得像水一样。而是真

正的挚友是如水包容，又有茶的力量，是各自发光，彼此照亮。

我经常梦见他们在漫屋的雨声中侍茶，如同从古老画卷里倒转时空而来，让我游思缥缈。

记得黄庭坚写过一首茶词，他说"口不能言，心下快活自省"。此情此境让人怀想，也不知他们最后在湖边饮茶的心境是否依然如故。

古时山河路远，唯有尺素传情，薄薄的书信撑起了这段深情友谊。他们的相见和别离有一种直抒胸臆的大丈夫气概，让人痛快。

这些士子清流在大时代的烟尘里起舞，将自己的光芒绽放，哪怕贬得再远也能在山水灵性中得到养护，借得万物之美修得性情自如，无论是生还是死都活得淋漓尽致。

行至如今攀过高山，也探过幽谷，见过传奇之人，也听过他人的悲喜。但我相信有些情意始终细水长流，如同喝到一泡好茶一样喜悦。

有人如万人如海一身藏，有人耀眼如光，各自都有自己的活法。无论岁月怎样流逝，长路漫漫里总有故人长情，这些温厚能安慰步履匆匆的我们。

这世上利益之交，人情之交，人格之交各有不同，任何关系过于轰烈难免不会持久，还是如君子之交，平和温厚更好。

一个人身上有春风浩荡，才能在人间愉悦地玩耍。勉励我们自己偶尔从时代的洪流中抽身而出，怀着这颗襟怀之心继续提灯行路吧！

【苏东坡和道潜】

肩担清风 袖怀明月

壹

多年后的苏东坡，还记得当初和道潜在定慧院后山看花的心情。

他初到黄州，一家人借居在定慧院。道潜追随而来时，后山上那株海棠花正纷纷欲开。

那天他们携酒而至，说起往日闲话，园子里鸟鸣清润。海棠花仿佛要化成仙人飞起来，氤氲雾气中的花香让人醺醺然，苏东坡久久站在此处都看痴了。

就像约定好了一般，山风拂过，满枝花瓣如雪花掉落，整个天地恍如一场大梦。苏东坡和道潜安静看着花，也不说话，这花深似海故人相逢的日子能否过得再慢一些呢？

只是世间事总是让人沉重，若是不

想入世之路，眼前这番置酒花下的美景该是多么轻盈美妙。

苏东坡和道潜的相识，始于未见其人，先闻其诗。

他在杭州担任通判时，某天读僧人道潜的诗，读到这句"五月临平山下路，藕花无数满汀洲"一念成痴，痴到把道潜的诗刻在了石头上。

又听闻道潜性情孤高，向往魏晋风骨，是佛门中写诗最好的禅师之一，他开始心心念念何时能与这位道友见面。

直到苏东坡上任徐州时，在学生秦观的引荐下，才第一次见到了道潜。他身着衲衣芒鞋，策杖北行，出湖州，过姑苏，长袖猎猎，一路跋山涉水徒步而来。

眼见他风尘仆仆，眼见他欣喜在望。苏东坡真是喜极而泣，他问道潜，怎么千里迢迢行脚而来？

道潜说自己是"彭门千里不惮远，秋风匹马吾能征"，这一句真是赤诚肝胆，好似一颗真心明晃晃地捧到他的面前。

苏东坡安顿道潜住在逍遥堂，那是他与弟弟苏辙风雨对床的居舍。

那些日子他们饮茶吟诗，他极喜欢道潜的诗，说他诗句清绝，可与林逋上下，令人萧然。

直到苏东坡应召赴京，离开杭州前专程给道潜写了一首诗，诗中称他为参寥子。他说希望有一天，自己能像谢安一样东还海道，辞官归里，这样道潜也不必为了他泪湿僧衣。

苏东坡三年三徙，道潜一路追随。无论他走到哪里，道潜都如同行脚僧般披一身月光而来。

苏东坡贬谪黄州后，道潜随他留在黄州生活了一年多光景，他们去寻春踏青，去定慧院后山观赏海棠花，去泛舟赤壁同游。

到了临别的日子，苏东坡希望相聚的时日再久一些，道潜又陪着他一路舟行北上，到江西筠州看望弟弟苏辙。后来两人结伴行游庐山，道潜亲自看他写下那首"不识庐山真面目，只缘身在此山中"的《题西林壁》。

等到苏东坡收到调令，要去往别处上任。道潜见他忽地离开黄州，翌日要启程前往汝州，心里湿漉漉的，不禁担心苏东坡的前途。

临别前道潜留下了一首诗《留别雪堂呈子瞻》："策杖南来寄雪堂，眼看花絮又风光。主人今是天涯客，明日孤帆下渺茫。"

是啊，人间无有定处，朋友终归是要走的。只是山遥水远，盼他前程如锦，盼能早日重逢。

道潜看着苏东坡晃晃悠悠骑驴离去，转身时突然有了滔天泪意，之后翛然而往遁迹于山林。

贰

道潜相信，他一直在等的人，会有相对饮茶的那天。

即使前路是雪泥鸿爪，只要他需要，自己都会从幽林里唤起一轮朗月，满怀冰雪而来。

苏东坡几经起伏，直到他在杭州任太守，在智果寺见到了道潜。他还记得是寒食节那天，到了智果寺见得有泉水从石壁间流出，他俯身捧起一掬水，果真清澈甘冽。

他忽然想到，九年前在黄州曾梦见道潜手携一轴《饮茶》诗，从雪堂而来，醒来时只记得其中两句："寒食清明都过了，石泉槐火一时新。"

眼前的智果寺林深风幽，崖高泉清。道潜采了新茶，钻火煮泉招待苏东坡，这不正应对了曾经的梦吗？

苏东坡心中大喜，将泉水命名为"参寥泉"，写下这首诗：

涨水返旧壑，飞云思故岑。念君忘家客，亦有怀归心。三间得幽寂，数步藏清深。攒金卢橘坞，散火杨梅林。茶笋尽禅味，松杉真法音。

云崖有浅井，玉醴常半寻。遂名参寥泉，可濯幽人襟。相携横岭上，未觉衰年侵。一眼吞江湖，万象涵古今。愿君更小筑，岁晚解我簪。

这句"可濯幽人襟"当真妙，眼前的参寥子就是苏东坡心中的幽人，而他心里念念不忘的也是想作个履道坦坦的幽人。

道潜这身禅门里的清冷骨头，他不是拈花微笑的菩萨，却是苏东坡眼中那个飒沓如流星的莫逆之交。

晚年的苏东坡被贬居到儋州，道潜派一个沙弥到海南岛去看他，带有书信和礼品，说要亲身渡海相随。

苏东坡担心自己这次可能有去无回，死活不同意他来，赶忙写诗劝阻。他感谢道潜专门派人远来送信，说近日写的诗作，让他开怀一笑，乐得都不知道饭菜的滋味了。虽然彼此不能相见，但请他千万保重好一颗道心。

诗中这句"未会合间，千万为道自爱"真是肺腑之言，让人的内心波澜盘旋而起。

天地之大总会有容身之处，再看看眼见垂柳花枝，想着能和古人一样了身达命，能纵浪山水间，该多么好！

要活得肩担清风，袖怀明月，不去管时光稍纵即逝。要活得流风回雪，萧散一人，不去管他人言论，当如春风过耳。

风雨不歇的路上，他的胸中自有洗心经。

【苏东坡和王安石】
抖落一身风尘

壹

他骑着毛驴而来，在金陵的攀桂亭备好茶迎接一位故人。

前方山河莽莽，江舟蒙蒙。王安石心想，当年如果不出山，可能朋友还是朋友，只谈诗词风月那该有多好。

苏东坡在渡口停舟靠岸，连帽子都还没戴，衣服也没换，就跳下船向他长揖而礼，说没想到跑这么远来相迎，自己都没来得及换衣服，真是唐突了。

可王安石毫不介意，说这些俗礼，怎能约束像他们这样的人呢？

眼前的"拗相公"已是风烛残年，苏东坡突然诚觉人事皆可原谅。他们曾经割袍断义结怨半生，可这一刻抖落风尘，只剩下相逢一笑。

攀桂亭这杯茶，像一阵春风娓娓细语，令苏东坡喝出了对春天的期盼。

旧事如风雨追溯，如果不是道不同，他们本可以成为更好的朋友。

王安石的高光时刻，是非常幸运地遇到了宋神宗。他懂得皇帝心里的大宋应如汉唐盛世，而皇帝也对他不顾一切屈己听之。

王安石从金陵走出来，少好读书，一过目终身不忘，文章动笔如飞，见者皆服其精妙。

一入朝堂他便被欧阳修赏识推荐，更是因皇帝这一句"朕有介甫，大事可为"而心有壮志。

所有的起因缘于他这个书生要变法。

王安石变法，那是掀起了多大的风浪啊。他风风光光当他的宰辅不好吗？他闲时写诗谈风月不好吗？

这人满口大义，满口为了大宋江山，非得把所有朋友弄成仇人，非得一条道儿上走到黑。

朝堂上，欧阳修说青苗法是与民争利，司马光说他变法过甚，苏东坡又冒出来说相国太过激进。

苏东坡这恃才旷放的性情怎能不言，朝堂上不断弹劾王安石，王安石也不断打压他，那时的他们是亲切又遥远，抓心又疏离。

让众人没想到的是，在"乌台诗案"爆发后的危急时刻，却是王安石挺身而出仗义执言。他向皇帝上书力保苏东坡，说太平盛世哪有杀贤才的道理。

苏东坡走出御史台，他万万没想到，曾经针锋相对的王安石，竟能为自己上书求情。他心里的王荆公并非圣人，但茫茫雨雾里，肯为自己冒雨而来，这番胸襟如大宋山河般壮阔。

王安石是一身不拘天命的反骨，心心念念要兴宋。变法之风为的不是个人恩怨，而是政见不同，他们对宋朝兴盛的赤忱之心，彼此心知明了。

一场变法溅射许多灼人的火花，让两个人各自离散。

变法到最后，苏东坡和王安石都没落得安生。一个几经起落回到了金陵，成了半山园的伤心人；另一个曾有壮志凌云，如今布衣终身被人心消磨。

暮年的苏东坡到汝州赴任，想起了隐居此地的王安石，很想去拜访他。可转念一想，自己和王安石素有过节，冒昧登门拜访，不知会不会很失礼呢。

苏东坡提前给王安石写了一封书信，表达了自己想来看望他的心意。等他一路舟行，到了江烟飘渺的渡口，竟见着王安石身披蓑衣骑着驴在亲自迎他。

王安石将苏东坡一家人安

顿到自己家中居住，他们共游钟山，诗词唱和，在秦淮河畔烹茶会友，纵论古今文字。

那时的苏东坡刚失去了自己的儿子，好在还有王安石陪他饮茶论诗，互相安慰。王安石深知他的性情不适宜朝堂，以肺腑之言劝苏东坡来此置宅，一起共度晚年。

苏东坡去找了好几处宅子，可惜没有中意的。他又想在瓜洲安家，与王荆公互相扁舟往来。

临行前，王安石望着苏东坡在古道上渐行渐远的身影，最终消失在苍茫山谷间。他长叹一声："不知更几百年，方有如此人物。"

王安石须发皆白，遥望虚空，忽然想起很久以前，自己名震京师的风光时日，只是当年的豪言壮语如岁月一去不返。

让苏东坡也没想到的是，山野渡口的离别竟是最后一面。

没过多久王安石病逝，朝堂上那个孤勇者终归离去了。此前是大宋江山将他从半生的梦中唤醒，只是这次再也无人将他唤醒了。

晚年的苏东坡远在海南，某个夜晚汲江煎茶时想起了王安石。

曾经的他们怨愤多一些，欣赏有一些，交心少一些。可金陵重逢过后，他们从文人相轻走到文人相亲，从渐行渐远走到相见恨晚。

苏东坡想起王安石曾让自己带一瓮江水给他烹煮阳羡茶，只是怪自己

贪睡，没能带回中峡的
江水。他们都是爱茶之
人，水若不同，茶的滋
味又怎会更好呢。

　　记得他住在王安
石的半山园，庭院里荆
公亲手栽种了许多花
草，吸引了很多禽鸟来
此栖息。苏东坡写了一
首诗将王安石比作王
羲之，赞叹这般雅致绝
尘的情怀。

　　王安石和苏东坡
都是一身硬朗骨头，可
并不是没有一颗柔情
心肠。

　　有一次，王安石得到他诗词的抄本，说是醉宿临皋亭酒醒后之作。
立即欣喜若狂，等不及点灯，王安石就着薄暮的微光展卷细读，心中大
喜连声称道："子瞻，人中龙也。"

　　晚年的苏东坡渡海北归时，偶然见到王安石的题壁诗，突然泪水潸
然。此后大宋的月色下，多一人或是少一人，终是不同心境了。

苏东坡想起系舟登岸时的旧人，记忆中那个王安石骑驴而来，身着窄衫头戴短帽，如一个山野之人，俩人把臂同游到烟霭茫茫的深处。

世人以为他是金刚怒目，原来却是菩萨低眉。

我脑海里浮现出一个男人的脸，那张脸倔强得很，一笑又带出万马奔腾的劲头。

别人称王安石为"拗相公"，苏东坡唤他是"野狐精"，而我喜欢叫他"介甫兄"。

介甫兄是一位理想主义者，又渴望着功业成就，总想把大宋冲出一片铁马冰河。

他更像是一个苦行僧。时常不洗澡，是蓬头垢面的离欲之僧。可是每个人的千丝愁万缕情，又有多少人能斩断？

山道上应接不暇，可他却全然不顾。

为了变法，他连侍妾都不纳。除了变法，没有任何别的风雅乐事。除了写诗，他的生活无趣到了极致。

可是介甫兄从未贪图过宰相的位子，他只是为了更好地利国利民，更好地实行变法。

想起他曾站立在飞来峰时，壮丽山河骤然映在眼帘，豪迈吟诵"不畏浮云遮望眼，自缘身在最高层"。

那一刻，介甫兄的胸怀全是肝胆冰雪。

读介甫兄的一生，我有一种被虐的快感。

他狠着心，将变法变成了一个刺客的刀剑。手起刀落，从来都不管不顾，伤了自己也伤了别人。

他努力在滂沱大雨中撑伞，但其实自己早已被雨淋了满身。而那把原本支撑天空的伞，却被大雨冲得支离破碎。

那些历史和小说里的理想主义者注定是要殉道的。可是我不希望他们活得如此苦大仇深，活得这样拧巴，活得了无生趣。

介甫兄，若有来世，我想对你说："我曾和你一样，当过愤青，有过斗志。可我们在时代面前，终归只是一抹微尘。纵然人微言轻，也要相信有诗，有热血，有自己所守护珍视的人。"

纵然被朋友伤，被功名误，被时代负，依旧愿你的心依旧滚烫，能一饮千盅，能生而热忱，终也欢洽。

【苏东坡和张怀民】

失眠时和你一起与月对饮

古人有探花使，他做了一回探月使。

这是苏东坡被贬黄州的第四年。他晃晃悠悠走到承天寺，月色空旷清明，仿佛置身幽深澄澈的世界。

怀民兄，想来你亦未寝，今晚山月皎皎，我们去山里喝茶吧。或者什么都不做，就静静听鸟声，待天明。

去见张怀民的晚上，苏东坡正准备入睡。他脱下外衣、袍子、大襟，烛火一熄，月色瞬间入户。窗外那轮明月清辉，如同蟾宫仙界。

此等良辰美景，他生出夜游的兴致，得找人聊聊。也不知怀民睡了没有，苏东坡满心欢喜地起身，迫不及待地来到了承天寺。

看见里屋亮着灯，他把张怀民拉了出来，俩人一同在庭院中散步。月光如积水般清澈明亮，竹柏影动如水中藻荇，那些心头烦忧如春风扫尘般缕缕吹散。

原来最美妙的不是月色，而是失眠的时候去奔赴另一个人，他恰巧也没睡。

苏东坡说，哪一个夜晚没有月亮呢？哪一个地方没有竹柏呢？只是缺少像我们这样有闲情雅致的人罢了。

他从天阶夜色中汲取了如水的月光，化成了这首诗《记承天寺夜游》。

元丰六年十月十二日夜，解衣欲睡，月色入户，欣然起行。念无与为乐者，遂至承天寺寻张怀民。怀民亦未寝，相与步于中庭。

庭下如积水空明，水中藻、荇交横，盖竹柏影也。何夜无月？何处无竹柏？但少闲人如吾两人者耳。

一句"怀民亦未寝，相与步于中庭"，让人有温柔一击，又有些楚楚可爱。开始怀想苏东坡是如何拉着怀民起身，怀民被他拽起来时的心情又是怎样呢？

这夜，张怀民同样未曾入眠。

寂静的承天寺，灯花忽而落下，深夜偶有飞鸟忽鸣，掠起树影摇动。张怀民微微叹息，王安石的变法真的可行吗？也不知子瞻是否和他一样未眠？

他微叹了一口气，正要吹熄灯火，解衣欲睡。这时有人叩门而入，原来子瞻尚未入睡，相邀他一起庭中赏月。

一个是有职无权的团练副使，另一个是如主簿一样的小官。来到黄州二人同病相怜，都不过是世俗间的失意人，就把那些欲言又止的心事，安放在这个夜晚吧。

如果不是和苏东坡一起赏月，张怀民到如今仍是个无名氏。

他同样因为变法之争，贬谪来到黄州，刚来时寄居在承天寺。后来张怀民在自己的新居西南筑亭，苏东坡给他建的亭子起名为"快哉亭"。

他们相约在"快哉亭"里喝茶饮酒，快哉，快哉，一想到苏东坡和张怀民在一起的样子，无论做什么，都觉得很有趣。

直到张怀民接到回京复职的调令，离别之日正是腊八节。

苏东坡带着酒菜，来到快

哉亭为张怀民饯行。他亲自下厨烹制菜肴，两人食腊八粥，尝东坡肉，一旁还有童子烹茶。

苏东坡写了一首诗相赠，他将友人张怀民比作缑山吹笙的仙人。说怀民兄应当有仙人般的自在生活，不应被流放在此。

庆幸的是，如今他终于可以摆脱流放，祝贺他驾彩鸾归京，此后定会青云直上，封侯拜相。只是怀民兄在东京华堂开怀痛饮时，可别忘了在快哉亭还有个子瞻老友啊。

那些相伴短短一程，为彼此送去过荧荧之光的人，也不知是如何回忆曾经天摇地动的生涯。

这一生，你遇到过你的张怀民了吗？

以前的人，花前月下可聊一个月夜，可随时打扰，可天荒夜谈，可醉醉醺醺，可哭哭笑笑。

年少时向往的是良辰美景，心气纵意疆马，以为会有无数个张怀民出现。如今深夜难以入眠，也不知找谁可以诉说，到最后只剩下一个人与月对饮。

曾经很喜欢一个词叫倾盖如故。只是年纪越往上走，那些乍然相逢的人有些已不辞而别，有些经久未见。

那些看到美好就想去分享的人，接得住自己兴之所至的人，又去哪里了呢？就连我们自己，还是那个当初的自己吗？

多少人做着乘舟江海的美梦，却发现舟上能与自己真诚相待的人太稀少。不是他先下舟去奔赴前程，就是她找到了另一个舟舍你而去。

谁没有过辗转反侧在卧榻之上呢？谁不是从意气风发走过来的呢？我们在人前难免有

端着的时候，只好借着茶，或斟了酒，半醉半醒时才敢写些心头梦话。

我深爱苏先生，一个人的诗境就是心境。当心境里有日月升起，有山岳绵延，才会有浩然天地充盈。

与其登高望远，不如长夜倾谈，希望我们身畔还有一位可以与之共享的怀民兄。

【苏东坡和佛印法师】

做一对嬉笑怒骂的好朋友

苏东坡和佛印的相识，是被贬到瓜州开始的。

当时宋朝分为两派，一派是力行新政变法的王安石，另一派是反对变革的宰相司马光，两方互不相容。

因苏东坡反对变法，他被贬到偏远的瓜州担任太守。瓜州有一座金

山寺，寺中有一位禅风洒脱的禅师，名为佛印。

苏东坡得知佛印禅师大名，向他写信讨教禅理，两人慢慢成了笔友，时常书信往来。

过了一段时日，苏东坡想见到这位真人，约佛印禅师相见喝茶。写信给他说，你不必出山相迎，就像赵州和尚那样，让我进来拜访就行了。

原来古人和我们一样，也担心

笔友见面会"见光死"。他为了让见面
更有情趣,借赵州和尚躺在床上迎接赵
王的方式,希望彼此真实相见。

当苏东坡来到金山寺,见佛印禅
师穿戴得整整齐齐出寺门迎接。他有些
不解,佛印微笑解释道:何必执着形式
呢,这浩浩荡荡的天地不就是一张禅床
吗?在哪里迎接都是至尊待客之道,我
站在这儿,跟躺在床上又有何分别?

佛印禅师这番话让他甚为心悦,
此后两人成为同参道友,在寺院喝茶论禅,互较机锋,一见面就斗嘴耍
宝,很是热闹。

记得有一回,苏东坡让书童头戴草帽,足踏木屐,去找佛印禅师借
东西。佛印见到书童笑而不语,立马心领神会,于是转身将一纸包交给
书童带给他。

东坡先生打开一看,纸包里果然是茶叶。书童不解问道:"禅师如
何知道先生要借茶呢?"

苏东坡解释给书童听,你看你头上戴草帽,底下穿木鞋,这不正是
一个"茶"字嘛。古人喝茶还有这等玩法,也只有他们这对高手互懂心
意,比别人更得真趣。

苏东坡和佛印皆是才情过人,彼此斗智斗趣以此为筏,做一对嬉笑

怒骂打打闹闹的好朋友，得以渡过人世苦海。

　　他是半世江湖游，一生儒道佛。

　　苏东坡交往的僧人不少，但佛印禅师是与他情谊深厚的高僧。

　　一个是潇洒不羁的才子，另一个是不受佛门清规戒律约束的禅僧。每当苏东坡到金山寺拜访佛印，佛印会事先烧好猪肉来款待他，俩人从青牛老庄聊到竹林七贤，从僧房夜谈聊到桂下说茶。

　　某一日苏东坡从衙门回来，想找佛印喝茶。他来不及换便服，就穿了一身官服，腰间系着官家玉带径直去了金山寺。

　　正巧佛印正和法师们谈禅喝茶，看见他身穿官服进来便故意说："学士来干什么？只是这里没有你的座位了。"苏东坡笑着说："那我就借你的四大为座吧。"借此调侃要以禅师的肉身为座。

　　佛印微笑说："山僧有一个问题，学士答得出就任你坐。如答不出，不仅没座，还要把你腰间玉带留下，可好？"苏东坡求之不得便应下了。

　　佛印对他说："你说要借我的四大为座，可四大本空，五蕴非有，学士你要坐在哪里呢？"苏东坡听完果真无话可说，只好解下玉带送给佛印，而佛印也回赠他一件云山衲衣。

　　后来苏东坡被贬到黄州当团练副使，佛印禅师也到了庐山的归宗寺。当时很多人不愿与苏东坡交往，而佛印会坐船过江看望他，约他同游赤壁。

苏东坡曾多次劝佛印入仕为官，但看破红尘的佛印无心入朝。世人以为僧师只知闭门修禅，可佛印从不故作高深，不夸夸其谈，而是这般活泼泼的爽利。

苏东坡和佛印可以互怼互黑，从来不会有隔阂，就算分别多年，再次相见也没有任何生疏感。

晚年的苏东坡被贬惠州，心情苦闷时就写信给佛印，诉说自己二三十年功名富贵，转盼成空。佛印千里传书安慰他"何不一笔勾断，寻取自家本来面目？"希望他安心修行，万事不必萦怀。

佛印在信中夸他胸中有万卷书，笔下无一点尘，让他努力向前，珍重又珍重。这般苦心相劝，实诚感人。

想想我们这一生，与有的人是一面之缘，与有的人缘分会深厚一些。

与同道人在一起，不必日日相见，但每次见面都尽兴尽欢。聊到哪里算哪里，不管星，不问月，有此生足矣的快感。

古人的生活和我们的日常大抵相似，不同的是，我们在以一种怎样的心境为人生底色涂上籁籁光彩？

苏先生的精神状态放到现在都不过时，纵然在青史留名中有他苦苦挣扎的影子，但他也曾笑得放肆，笑得疏狂，凭一己之力提升了整个宋朝的流光色彩。

他把悲欢离合化作修行的功法，有内功有外力，不端着也不装着，只要好玩，他就能陪你玩得来。

如若他活在今朝，我想对苏先生说：小女子要和他一样，要逍遥人间，要挥霍谈笑，要携一杯酒趁年华，携一杯茶任平生。

【苏东坡和巢谷】

万里奔赴 只为看他一眼

他午夜梦回时，会想到一个叫巢谷的朋友。

这个男人像风尘三侠中的虬髯客，每次现身的时候，他总是从尘沙飞扬的古道中策马飘然而来。

儋州岛上的海风吹啊吹，吹了好些年。月光照啊照，也照了好些年。曾经的纵酒啸聚沉寂了，可巢谷却始终是苏东坡心里岿然不动的青山。

苏东坡与巢谷是同乡，少年时便相识，都喜欢诗文，巢谷也曾中过进士。只是他天生不爱入仕，发愿行仗义，读奇书，访佳友，寻山水。

巢谷只是小小一介布衣，无官职，无传世诗文，可这份生死义却是亮堂堂，情痴痴。

苏东坡风光的时候，他把自己藏了起来，落魄的时候，他就出现了。

苏东坡刚从灰暗的御史台逃出生天，还没等他缓过神来，黄州苦哈哈的日子就来临了。

正当他伤感世情淡薄时，巢谷飘然千里而至，倏的一下就出现了。

巢谷一路带着眉山老家的山风，带着家乡的野豌豆种，带着能治病的药方来了。

苏东坡在友人的帮助下得了一小块地，巢谷便和他一起开荒种地。他带着巢谷住进破旧的东坡雪堂，残锅冷灶，缺被少褥，快六十岁的巢谷却能安然住下。

巢谷陪着他一起共度难关，陪着他悠游林下，饮茶赋诗，月夜泛舟。陪他做了邻居，又做了他两个儿子的老师，这一住就是一年多。

这个男人白日策马成侠，夜里惜花如君。他将视为至宝的《圣散子方》传给苏东坡，后来这药方救活了当地许多民众。

一到春天，苏东坡约上巢谷和太守徐君猷去安国寺，他们在寺中竹林下的亭子里采摘亭下的茶叶，煮而饮之。

安国寺的僧人希望苏东坡给这个亭子起名，正好友人徐州长要离开黄州赴任他乡，苏东坡便将此亭称为遗爱亭，并代巢谷写下了《遗爱亭记》。

一个遗爱在民，另一个遗爱义胆。

有多少故人，他就写了多少诗给他们，唯独这首诗如千钧金石落在

苏东坡心上。于是他把这首诗送给了巢谷：

　　春雨如暗尘，春风吹倒人。东坡数间屋，巢子谁与邻。空床敛败絮，破灶郁生薪。相对不言寒，哀哉知我贫。我有一瓢酒，独饮良不仁。

　　未能赪我颊，聊复濡子唇。故人千钟禄，驭吏醉吐茵。哪知我与子，坐作寒蛩呻。努力莫怨天，我尔皆天民。行看花柳动，共享无边春。

　　巢谷没来之前，他的心里总是湿漉漉的。此番诗情如茶汤一样倒出来，洒落一身。

　　巢谷啊，这春雨下得昏天黑地，风吹得东倒西歪。住在东边山坡的那几间旧房，除了你还能与谁为邻？

　　一张空床，一床破棉絮，一个破炉灶，唯有这柴火烧得很旺。我们一起相对坐着，互相不说冷，却都知道彼此的清贫。

　　家里有一壶酒，我一直不敢独喝，带来与你一起共饮聊慰平生吧。虽然，那点酒不够我一人喝醉，跟你共饮也不过是润润嘴唇而已。

　　昔日那些名门权贵朋友，他们拥有千钟的俸禄，怕是又喝得醺然烂醉。他们哪里听得到我和你在这破椽漏瓦下犹如寒虫的呻吟。

　　只有你在身边安慰我，不要抱怨，多行游看看，等着那柳萌花动，我们依然是可以欣赏春色的子民。

　　万千冬藏一春柔，巢谷便是策马而来的那缕春风。让他心里的云散开了，雾也退去了，眼前重现一片清朗。

　　苏东坡再次等来了被朝廷重用的圣旨，锦上添花的朋友又多了，可雪中送炭的巢谷早已衣襟飘飘，骑马远去……

可他好想巢谷，想啊想啊，就不断派人去寻，想约他来叙叙旧，也想帮衬他，可遍寻也不知道巢谷藏到哪里去了。

有些人这一生也不必再见，有些人远赴万里只为见一面也值得。

苏东坡被贬到海南时，他已经很老了，朋友还剩下几个，可愿冒着风险来看他的却寥寥无几。

然而，还有一个书生虽也垂垂老矣，却牵动这颗心甚久。传了书信过来，说想徒步来看他和弟弟苏辙，这个书生就是巢谷。

这一路曲曲折折，翻山越岭，遇强盗又遇瘴气，这个七十多岁的巢谷就这样跋山涉水走了一年，只为看一眼失意落魄的旧友。

巢谷先见到了苏辙，一个瘦骨嶙峋，一个迟暮苍苍。故友重逢，几十年的风雨起伏，又怎是一壶茶，一坛酒能诉说尽的呢？

重逢不过几日，巢谷要去儋州看一眼苏东坡。苏辙见他年老多病，苦苦相劝，说从循州到儋州有数千里之遥，又要乘船渡海，实在太过危险。

英雄虽已白发，可巢谷执意只身前往。只对苏辙留下一句话："我自视未即死也，公无止我。"

一句"不要劝阻我"，直白袒露，又剖心沥胆，这个男人把苏东坡看得比命还重。

巢谷的行囊中只剩一点点盘缠，苏辙便想方设法，多方找人资助他去儋州。巢谷一路坐船顺东江而下，船到了惠州，他便先去看望了苏东坡的儿子苏过和苏迈。

昏黄烛火曳曳，师生相见更是殷殷切切，不免又是一番叙话。

见罢二人，巢谷又继续坐船，可惜途中遭遇盗贼，偷走了他的行李和盘缠。包袱里有四处筹措来的盘缠，还有他带了一路的药物，他急火攻心，心里想的全是苏东坡。

不知道子瞻的痔疮犯了吗？儋州的山上能长野豌豆吗？有没有人陪着子瞻一起喝茶饮酒？

几番折腾下，巢谷一病不起，最终客死他乡。

远在儋州的苏东坡，正梦到自己在弥漫的雾气里送别乘船而去的巢谷。只是人还未见到，他便又一次飘走了。

光阴不会有意遗漏任何一个人，苏东坡的心里悲鸣涌现。这颗心如仙鹤腾腾飞舞，可越万山，他好想再看一眼这个绿苔新泥马蹄疾的侠人。

巢谷兄，来世愿我们相逢在温柔而清爽的春风里。

第 5 章

人间有味 永远赤子天真

从幽人到闲人

我一直对"幽人"这个词情有独钟，轻声念着时有一种痴痴相对的感动，好想飘到那个寂静和风的天地里去。

曾在《易经》里读到这句话："履道坦坦，幽人贞吉。"意思是坦坦荡荡走自己的道路，坚守正道便能吉祥一生。

在我心里，算得上"幽人"的人唯有他了。

苏东坡刚来黄州时是戴罪之身，只能暂住在寺庙。开始还幻想不久后就能回到京师，可越想越难过。大丈夫往

往不是被刀剑所伤，而是怕流言像风雨一样袭来，直插他的心窝。

月深人静时，只有他在失眠，还有谁像他在月光下独自徘徊。望着天空的孤鸿之影，苏东坡安慰自己，就这样吧，剩下的岁月就在这里度过。

他如前途困窘的中年人，可怜兮兮地写下了这首诗：

> 缺月挂疏桐，漏断人初静，
>
> 时见幽人独往来，缥缈孤鸿影。
>
> 惊起却回头，有恨无人省，
>
> 拣尽寒枝不肯栖。寂寞沙洲冷。

一句"缥缈孤鸿影"忽地击中了过来人的心。苏先生在我们心里是照耀前路的英雄人物，可连他都难逃人心争斗，为前途忧心惶惶。世上那么多天资平庸的普通人，又该如何自处呢？

这个男人为了一个临时的栖身之所，也得委曲求全。他一贯快活时真快活，苦闷时也真苦闷。跟如今的我们一样，都需要时间来疗伤。

苏东坡在诗词里多次自称"幽人"，觉得自己以罪人的身份来到这里，远离朝堂纷争，不如干脆做个幽居山林的隐士。这既是自怜又是宽慰，多少还有些壮志成空的隐隐之痛。

算了，看来此次回不去京城了，他决定在黄州安顿下来。幸得在朋友的帮助下寻得一片荒地，种菜种花也种茶。

苏东坡在这片荒地上建造了幽人居所雪堂，这里好似当年陶渊明笔下的曾城山。可他总说不如陶先生，自己还在世俗人事里缠绵。

人活着就是要保持一个信念，谁说被贬官就要江州司马青衫湿，他刚好能喝到各地的好茶。今天喝自己种的桃花茶，明日喝好友黄庭坚寄来的双井茶，欢喜时邀友人对饮，无人来就独饮清欢。

想通了之后，苏东坡时常布衣芒鞋出入雪堂，有时月夜泛舟放浪山水。他在茶中修禅、修道、修儒，这身茶气在他胸腔内时而幽渺，时而壮阔。

来黄州之前的苏东坡，成为范滂那样的人是他的理想，凌霄之志里有着轻狂。来黄州之后的他，深沉里有些许寂寥，透着一种雨带惊雷的涤荡。

苏先生一生嗜茶，这又何尝不是对生活的一种深情呢？他每次在茶汤中超脱出来，休憩心灵之后，仍有策马翛然而来的劲头。

如果只看他是如何一路吃一路喝，一路行游一路吟的，好像世间

真的能有人活得这么自在，活得这么耀眼。

苏东坡写过一篇《老饕赋》，这一句真是妙："响松风于蟹眼，浮雪花于兔毫。先生一笑而起，渺海阔而天高。"

这幅画面好似在我眼前：他在茶宴上谈笑风生，我在一旁侍茶，趁着泉水煮出松风之韵，冒出蟹眼气泡时，再用兔毫盏冲泡雪花般的茶汤，饮完一盏他大笑起身，只觉得大地飘渺海阔天高。

没有功成身退的成就无妨，做不成寻仙访道的仙人也无碍。直到有一天，苏东坡如同唐朝的李白，在流放夜郎路上得到赦免。

眼前的天地敞开了，江水绕郭，翠竹连山，鱼儿美笋儿香，惠山寺的泉水清冽，这一生乐得为"口"而忙。

眼见他可雅可俗，对着一席佳肴大口吃喝，酒足饭饱后在溪水处布席烹茶，对着一碗茶汤贪欢，如同晋人长啸当歌。

年少时的热忱，中年时的稳实，都掩不住他骨子里的元气淋漓，贬到哪里都含着那口热乎气。

后来，那个幽人远去了，苏东坡转身又成了闲人。

他是闲得真，闲得美，闲得赤子无邪，才写下了这句诗："几时归去，作个闲人。对一张琴、一壶酒、一溪云。"

苏东坡有一腹诗书，可终究没能求志达道。他安慰自己不要管这些，只盼着归隐山林，作个闲人，有琴可弹，有酒可饮，有云作伴，这就足够了。

哪怕少年的壮志随时会散，离开的人可能一生不能再见，他都不介怀了。有人作陪当然好，无人相伴也清静，走到哪儿是哪儿，不必快马扬鞭，只管一路提灯而游。

这些神仙一样的人物，尚有这些不如意，那作为寻常人的我们又何苦为难自己呢？也许孤独是人之常态，把一颗爱较劲的心慢慢放下，且和自己为乐吧。

眼下，南方的秋天幽花漫开，开窗望去清寂美妙，仿佛从一枝花里能看出人情温厚。那一刻我的心思远了，脑海里忽然蹦出一句：忽逢幽人，如见道心。

但愿长醉不复醒

此时的苏东坡，更像一位仙游的老者，驾鹤而来。

他在渡海北归的舟上望着万顷烟波，幻想这轮明月是汴梁的月，海上的风也是汴梁的风。

古人曾做梦来到华胥国，感受无尽欢乐。对苏东坡来说，这些往昔也如华胥之梦一般，就像当年那场盛大的极乐茶宴。

苏东坡还记得，那天杨柳垂垂，清风朗朗。他戴着亲手设计的乌帽，身穿黄道服，侍童引他入园，金翠楼台里，湖石、芭蕉、翠竹掩映其中，清幽异常。

好友王诜身着仙桃巾紫裘迎

上前来，桌案上笔墨纸砚也已备好。香炉飘来缕缕清香，婢女煽火烹泉，将碾碎的龙凤团倾入杯盏，激荡起袅袅白雾。

朋友们陆续而来，苏东坡坐在石桌上正意兴昂扬地写字。他只饮了一点点酒，但似乎有了醉意，看见石案被阔大的芭蕉叶围绕，映得桌上的瑶琴都是绿茵茵的。

一旁坐着的是黄庭坚，他手执蕉扇，正含笑看着老师。弟弟苏辙同样也是道帽紫衣，悠闲地执卷观书。

两棵古松缠绕并立，李公麟幅巾野褐，正在泼墨作画，黄庭坚、晁补之、张耒在一旁围观叫好。竹林掩映下，圆通大师身穿袈裟坐在蒲团上与道士陈景元谈经论道。

岸边斜倚着一棵古柏，学生秦观坐在树根上，正倾听阮声渺渺。穿过一池缓缓流淌的溪水，悄然出现一座山石，身着唐巾深衣的米芾早已醉意醺然，在一块突兀的巨石上笔走龙蛇。

西园主人王诜饶有兴味，他四处闲走，看一会儿枝上鸟鸣和雾中白云，听一阵松风徐来，风流兴致甚好。身后女子轻笑盈盈，松下童子正在备茶。

李公麟为雅集画图，米芾写诗"人间清旷之乐，不过如此"。画中的他们或写诗，或作画，或题字，或拨阮，或说经。各有各的风姿，却都透着一样的潇洒和才情。

离去时，苏东坡给王诜的画中题跋，借诗表明了自己的心迹："我今心似一潭月，君身已如万斛舟。"他说自己如一潭清净明月，不作入仕之想，只希望王诜这位簪缨世家的贵驸马，一生如万斛舟，愿君有新程。

苏东坡从黄州回到汴梁，如同襄王忆梦。

他想起自己上过朝堂，也谋过乾坤。降过烈马，也烹过清茶。想起隐居麻城的陈季常，从眉山赶来的巢谷，还有一直跟随他的马梦得。

多少故人转身就是天涯，如天上的银河遥不可及。又有何其多的友人，等不到鬓雪相拥，还未道声久别珍重，已是寒烟青冢。

这场西园雅集过后，苏东坡再次被贬。当天相聚的朋友，有人荣登朝堂，有人客死异乡，都被命运的浪涛裹挟着走向了不同之路。

他已经忘却了白发鬓丝下那抹意难平，只记得在瓦市勾栏听曲，在金明池畔吟诗，在州桥夜市煎茶的静好良辰。

苏东坡举杯长歌：老夫能有一日纵恣奔放，也算是不枉过啊！

如果说哪一朝的人最贴合"风雅"二字，莫过于宋人。

文人之间的雅集必得有雅人，有雅事，还得有雅兴。他们比我们可有趣多了，为了愉快地聚在一起玩耍，茶会必不可少，或十日一会，或月一寻盟。

不同于唐人的张扬外放，宋朝的茶会有着人心的温度与希冀。

喝茶的缘起是主人家院子里的花开了，于是茶人早早拜帖给赏花人。想着穿哪一身衣裳，挂什么画，喝什么茶才能衬这满院花香。

茶会那日，桌案上摆放着各式精美的茶具酒皿，香案上少不了书砚琴鼎。侍童一会儿温酒，一会儿执壶，往来其间。雅士们风流啸咏，投壶饮酒，有时兴致来了亲自斗茶取乐。

苏先生带领着这群清流才子们，呈现的这场"西园雅集"成了后世文人的内心寄托。他们襦衣纶巾，意态闲雅，围坐在园林里，抛却世俗身份，有高蹈世外的山林妙趣。

这场雅集更像是一个我们可以恣意回忆的，不愿打破的美梦。它似乎真实存在，又似乎缥缈虚无，似乎人人风雅，无一丁点的辛酸愁苦。

只是茶尽人散后，谁没有一点伤心事呢？回到自己的居所，关起门来独对夜烛，他也许会缓缓落下泪来。

回望那个消失的宋朝，只想在古物、园林、文士、清茶或梦境里，寻找到一颗古雅静好的心。随着苏先生徜徉在汴梁一梦里，但愿长醉不复醒。

这一晚半梦半醒间与月亮对望，身心清凉。梦中苏先生的潇洒回眸，让我怀念起当年有着理想主义的我们。

那一刻让我潸然泪下的，恰是曾经柔情又热烈的自己。

把自己活成一盏茶

想起有一年我曾在武夷山寻茶，慧苑坑的路边开满了茶花。正好走到了止止庵，闻见缕缕幽香，那一刻好想骑驴穿云入坞去寻找游伴。

沿着石阶往上看，隐约的雾气里，前方来了一位先生，他风致潇洒地走在山谷的茶花树下。我对眼前之人有了亲近之心，见此地有溪水石涧，想邀他一起饮茶。

我们就地而坐，向山中人借火煮茶。席间这位先生谈吐不俗，也不拘于什么话题，听他娓娓道来许多不知多少年前的故事。

他说自己叫叶嘉，祖父好山水，不喜从官，后来带着家人隐居在武夷山，家中以种茶为生。

长大后有人劝叶嘉习武，可他却说自己若成为天下英武之人，仅扛一支枪举一杆旗，又哪能满足自己的宏愿呢？

于是他踏上游学之路，途中巧遇茶圣陆羽先生。陆先生认为他有过人之处，便把所见言行写成行录，流传到世间。

有一天，皇帝读到了这本传记，颇为赞赏。听闻了叶嘉之名，便召唤他入京。

叶嘉请辞多次，直到太守到山中拜访叶嘉，劝他进京，他这才亲自入世出山。赴京途中，有人对叶嘉拱手行礼，说这位先生气质寻常，有龙凤之姿，将来定是贵人。

皇帝见到叶嘉时，起初觉得这人没什么特别的。他故意对叶嘉说，若是将你捣之煮之，意下如何呢？叶嘉说自己是住在山林的鄙贱之人，能有幸被皇帝垂睐，只要能普度众生，自己绝不会贪生怕死。

这番真言让皇帝生了好奇之心，时时召他入宫宴饮陪伴。相处越久，皇帝越觉得他"风味恬淡，清白可爱"。对着大臣不断夸奖叶嘉，说他真清白之士也，其气飘然若浮云。

后来皇帝封叶嘉为钜合侯，位同尚书，说他专管自己的喉舌。朝廷招待客人的宴饮，没有一样不是交给叶嘉负责的。

只是皇帝有时饮酒过度，喝到兴起时不理朝政，叶嘉常在一旁苦苦劝谏。皇帝听惯了他人的好话，这番忠言太过逆耳，两人逐渐离心。

每当皇帝每次神思困顿时，还是会不禁想念叶嘉的妙处，还是他最懂自己啊，自己又怎能舍弃这样好的良臣友人？于是，他便还像以前一样厚待叶嘉，后来又听从叶嘉的建议，兴国利民。

后来，叶嘉因舍不得武夷山的茶园，向皇帝请求告老回乡。回到山中种花侍茶，相逢有缘之人，他的后代世世也都受到了朝廷的礼遇。

一杯岩茶喝至尾声，山中落下的茶花瓣恰好飘进茶杯里，让我怦然心动。抬头见眼前人不知何时已离去，这时山中烟云作淡色，天地也显得澄明。

叶嘉先生如同心意幽寂，逍遥抱真的隐者，深深了悟世间滋味后，悄然而去。但茶叶的香气一直在身边萦绕，似古人拨琴，似草木幽兰。

这一刻思绪翩然，我的林泉心志山林知道，流水知道，他更知道。

很喜欢古人对茶的雅称，如不夜侯、清风使、叶嘉、晚甘侯。每个茶名如见古人，身上有着谦谦风度。

我在武夷山遇见的这位叶嘉先生，正是苏东坡笔下之人。他从《叶嘉传》里飘下来，飘进了山中，飘进了茶树里，又飘进我的人生里。

叶嘉反过来读便是嘉叶，"嘉"寓意着美好，意思是说先生是美好的茶叶。

如果有一件事物，你愿意与它并肩，与它成为知己，你会选什么呢？孔子选兰花，周敦颐选荷花，米芾选石头，苏东坡选茶。

苏先生爱茶爱到这般痴迷，就算穷得吃不饱饭了，还不忘喝茶，买不起茶就自己种茶。他将茶喻人，文中有一句"风味恬淡，清白可爱"，那是苏东坡心中的茶人精神。

入仕是下山归朝，茶事是上山问道，苏东坡在上山和下山之间为自己解围纾困。他写的茶叶虽饱经雨雪风霜，但是真正的清白之士，堪比琼浆玉液，让人灵气清魂。

一杯好茶需要好的茶树原料、制茶工艺，还要有泡茶的人和懂它的喝茶人，这几样缺一不可。友人说寻到一款好茶，如同遇见一位相悦相惜的好友。

有的好茶不会过期，存放多年后，经由岁月转化会更有丰富滋味。有的茶会过期，有的人和事也会过期，但愿我们还有那么一两段不会过期的情意。

一杯茶汤流经身心，气息浮在胸前或沉下来，自己是能感知到的。现在的自己很享受独处，有事就谈事，无事就一起吃茶清谈。

在这来去匆匆的人生旅途中，我们不但要心怀壮志，还得好好度过每一个春秋佳日。

他的前世是陶渊明

壹

他一直认为自己的前世是陶渊明。

从故乡蜀地眉山，到黄州的东坡雪堂，苏东坡心里永远有一个归园梦。这个在月夜荷锄而归的男人，觉得这是自己与陶潜兄离得最近的时刻。

苏东坡想象着和他一样，每日不是植树种稻，就是莳枣栽茶。闲了养养菊花，累了泡泡菊花茶，或是对着一张无弦琴弹出徵羽之音。

只是种地哪有不辛苦的，多年未曾躬耕田亩的苏东坡，这次饱尝了开荒种地的辛劳。他两足有泥，脚踏芒鞋，虚心向农夫请教，在田里种上了水稻和麦子，自嘲自己是"今年刈草盖雪堂，日炙风吹面如墨"。

陶渊明是来去自由，苏东坡却是思归故里。苏东坡离开黄州前往汝州时曾感叹："归去来兮，吾归何处？"

苏东坡敬重陶公，这份敬意如久旱逢甘霖，汹涌澎湃。

他喜欢陶渊明的诗到什么程度呢？有人送陶渊明的诗集过来，苏东坡如对待珍宝一般贴心收好，不舍得一气读完。只有心情不好时他才肯拿出来，每次他只诵读一篇，担心读完就无诗可读了。

晚年的苏东坡，努力做好一件事情，就是将陶渊明所有的诗从头到尾唱和一遍，这一和就是一百多首，还叮嘱弟弟苏辙为他的诗撰写序言。

他曾和弟弟说，很欣赏陶渊明的真诚与坦率。说陶公想做官就大胆开口，从不把求官当成是忌讳的事。朝堂不合适就辞官挂印而去，也从不把归隐看成是脱俗的事。他甚至压根没把自己当诗人，喝完酒写的诗随手一扔。

苏东坡将陶渊明视为知己，晚年流放海南时，陶渊明的诗集是必须随身携带的。还不允许别人说陶公不好，若是被自己看到，定然要写文贬损回去。

他在梦里多次与陶渊明同游，醒来梦寐不忘，提笔写下这首诗《江城子》。

梦中了了醉中醒。只渊明，是前生。走遍人间，依旧却躬耕。昨夜东坡春雨足，乌鹊喜，报新晴。

雪堂西畔暗泉鸣。北山倾，小溪横。南望亭丘，孤秀耸曾城。都是斜川当日境，吾老矣，寄余龄。

　　诗词情境如古画而来，雪堂西畔有幽泉潺潺，灵秀的北山微微倾斜，小溪横流在山前。苏东坡建造的雪堂颇似陶渊明笔下的斜川，难掩他真情流露的落寞。

　　古人和我们一样，人生万千追问总离不开仕与隐。苏东坡心中的陶渊明，是一位见山而不求山的诗人，有夫人琴瑟在旁，每天采菊闻香多好。

　　不像自己，他既做不到全隐，又不能和光同尘，还得为五斗米折腰。在昏昏沉沉的醉梦中，苏东坡才明白人生的真谛是什么。

　　这场浩荡的心声借诗词而来，却依旧散不去他深深的疲倦。只愿领略万般人事之后，繁华落尽见真淳。

　　苏东坡说自己"我即渊明，渊明即我"。

　　陶渊明和他一样，爱酒也爱茶。他记得陶渊明深爱菊花茶，曾携夫人去庐山禅寺和慧远禅师喝茶。

　　菊花苦寒而清冽，但用茶壶酽茶小火慢煮，饮尽如同待人，从未凉薄。学生黄庭坚曾将家乡的菊花做成干花，赠给苏东坡泡茶喝。他见到金黄色花瓣遇泉水而活，想着陶潜兄采菊东篱下，也是用一杯菊花茶慢慢去除他的内心之火。

　　他和陶渊明同样喜欢和禅师饮茶论道，也一样爱喝酒，交心的朋友更是不少。有一起喝酒的，有一起写诗的，有一起种菜的，也有一起品茶的。交友不论世道人心，只在乎壶里还有没有好酒，杯里有没有好茶。

如果只靠旷达，苏东坡在黄州是支撑不下来的。

他是绚烂时临风饮茶，落魄时处处断肠。悲凉时他只想和阮籍一样在穷途末路上痛哭一场，甚至当年行至太湖时，他也曾有纵身一跃的念头。

直到侍奉过那十亩耕地，苏东坡才终于将陶渊明和自己化为一体，将一颗沧桑心怀慢慢化解。扁舟遨游赤壁是一种快乐，俯身躬耕则是另一种快乐。

他开始喜欢那种淋漓尽致的快感，喜欢汗流浃背的状态。劳作之后的心是踏实的，再没有愁闷来缠绕他，也再没有孤独来侵扰他。

苏东坡叹服陶渊明的真和那些隐士都不同，陶渊明是真诚的、坚定的、彻底的。人家是葛巾藜杖嗅菊饮酒，他也深知自己不是陶渊明，不会真的归去。

世上很难有一直走到头的路，多数人还是在绕着弯徘徊着走，想尽办法为自己突围，这就是人间的真实。

在我心里，陶渊明是一位走在人群里风貌宽袍的道长，可上山问道，更可下山归尘，而东坡先生则是不系之舟，飘荡于五湖四海之间。

精神上的他和翩翩归山的飞鸟一样，只要心中有四海为家的襟怀，无论舟行何处都能过好一个家。

尝尽溪茶与山茗

这辈子没见过谁能比他过得
更自在，喝的是清溪映月，吃得是
春情荡漾，活得是春光撩人，自称
尝尽溪茶与山茗。

只是被世人称赞的风流潇洒，
隐藏在每一次的风餐露宿里。

宋朝缺马，没有马的日子，苏
东坡就骑一匹跛足驴，被贬的路上
路途漫长，跛脚的驴子不断地嘶叫。

驴子晃晃悠悠，苏东坡也就闲
闲慢慢。

他饮过西湖的雪，看过杭州的
月，听过海岛的风。穿过岁月从此
处到彼处，只要路上有茶便心满意
足，继续骑驴前行。

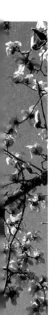

被贬杭州时，苏东坡得空便去孤山智果寺找道潜禅师喝茶，约南屏山净慈寺南谦禅师点茶。游西湖时到寿星寺讨茶喝，或是一人到断桥边的望湖亭独饮，看着渔夫乘小船悠悠然去垂钓。

苏东坡把热腾腾的一颗心，从青云凌志转移到茶汤之上，将它化入内心的妙灵中，给晦暗无光的自己续命。

他在峨眉喝过毛峰茶，在蒙山泡过蒙山茶，在江西喝过焦坑茶，在湖州饮过紫笋茶，在阳新烹过桃花茶，在儋州煎过大叶茶。

他是开心时喝茶，忧虑时也喝茶。孤单时喝茶，得意时也喝茶。喝茶时的苏东坡少了狂放，多了几分痴心，一盏茶下肚，断离了所有的萎靡和昏沉。

被贬黄州时，苏东坡偶遇一株被遗弃的百年茶树，便将其移到了雪堂园子里细心呵护。被贬儋州时，孤寂落寞令人难以想象，他依旧能汲取江水赏月煎茶。

他只看得见叶子微微地落，清风悠悠地吹，山花淡淡地开，清雨绵绵地下。就连内心里的愁苦，也变得荡气回肠，那些浑浊流水也随之一路淌过去了。

苏东坡走过的路，读过的诗，喝过的茶，都在灵光一动的瞬间，潮水般流进他每一寸身体里，留下丝丝回甘的意蕴。

他的忍辱负重修得极好，修成气震山河的大美。这些美进入心底，是那样澎湃、滚烫，又浩荡隽永。

贰

在灯火下就着一壶茶夜读东坡先生写的诗，时光温存煦暖。

我对宋人有一种莫名的好感，他们焚香点茶，挂画插花，此等餐花饮露的喜好有种仪式感的清美。

苏东坡的《赏心十六事》把每日的活法都写尽了，无论身在何地，人飘到哪里，他的生活都清贫却不孤苦。

清溪浅水行舟，微雨竹窗夜话。暑至临溪濯足，雨后登楼看山。柳阴堤畔闲行，花坞樽前微笑。隔江山寺闻钟，月下东邻吹箫。

晨兴半炷茗香，午倦一方藤枕。开瓮勿逢陶谢，接客不着衣冠。乞得名花盛开，飞来家禽自语。客至汲泉烹茶，抚琴听者知音。

被这些美感动到每一个瞬间，诗词里的清溪、微雨、花鸣、汲泉，让我总想与诗里的好人儿同游同乐。

且随我来，春天我们在清溪中行舟，和苏先生行游赤壁。到了深夜和他一起与弟弟听雨畅谈，对床而眠。

夏天在溪水流处汲水而行，寻遇山栖谷饮。下雨天我们一起遥望青山，怀想终南隐者。暑热时去西湖水边闲走，柳风轻拂带来一身清凉。

秋天在苏先生的雪堂赴一场茶约，饮茶如美人盈笑。傍晚泛舟见江水泱泱，钟声从寺院里袅袅传来。

初冬有皎洁月光，和雅士们静听女子吹箫。晨起苏先生煮茶，一碗茶汤身心舒爽。午后手携一卷诗书，藤枕入眠，林下有清风。

　　隆冬打开深埋多年的酒，我们温壶老酒畅谈入怀。深夜和友人持杯促膝，如同晋人衣冠随意。大雪纷纷落在园林里的花枝上，腊梅幽香绽放。

　　新年见得孩童牙牙学语，家中长辈颇有欣慰。初春有客远来，苏先生以泉水烹茶共叙情意。若说此生所愿，抚琴一曲盼得天下知音人。

　　谁的一生能一直轰轰烈烈呢？有时，冷冷清清也许更加耐人寻味。苏东坡把目光投向远方的茶山和眼前的茶汤，在路途中观树、观花、观茶、观雨，身心得到释落。

　　苏东坡的一句"尝尽溪茶与山茗"，诉说了自己与茶的这份相见恨晚之情。茶在他眼中愈老愈淳，如修道高人，看得见水泽丰美的人间。

　　我们一生究竟要穿过多少风雪，也许只有勇敢无畏，才是我们唯一可持的竹杖吧。

　　好好做自己的事，好好喝一盏茶。花枝和茶汤里有千里快哉之风，能安定我们飘荡不休的灵魂。

　　年少时向往人生有波澜壮阔，如今觉得光阴有限，我们能在日子的沉静中蕴含绚烂，这一世的路程便已经很充盈了。

　　一个人的骨子里可以生长浪漫，如果你的心美哉，那么吾庐与溪山也美哉。

闲坐松间煮雪烹茶

那年苏东坡要去陕西凤翔为官。借宿那晚，大雪纷纷扬扬下了一个晚上。

他醒来发现室外堆满了积雪，想起曾经与弟弟一同在这里借宿，感叹一生如同飞鸿踏雪，风至无踪。

庭院内古松劲挺，又见得簌簌雪花飘落声，眼前白雪皎然。何不在此闲坐松间，煮雪烹茶呢？那一刻苏东坡明明颠沛流离，却有一种"死也要追求美"的浪漫情怀。

他最喜欢采集花瓣或松针上的雪用来煮茶，甚至做梦都梦到雪水煮茶，梦中还有佳人以歌佐饮。

眼前山窗寒日，听雪洒松林。他备好茶筅和茶盏，桌前风炉里的炉火正旺，苏东坡把松针上的雪水放在炉上煮化。当松雪化成水，当山茶酿出香，茶烟袅袅升腾，他忽有一种与天地相对的空阔感。

苏东坡在松间烹茶时，觉得多了几分山野闲趣。松雪烹茶，除去松的幽香，喝出的还有松的傲霜凌寒，有着各安天命的和谐。

用雪水烹煮的茶，似乎像一剂药方，骤然让苏东坡清醒起来。他想

起贬谪路上远送千里的梅花，在定慧院后山偶然相遇的海棠，那一幕幕见美忘言。

幸亏这乱世中还有枕山栖谷和真山真水跟他志同道合，理解他的苦闷。生活再不足，只要有一双慧眼，总是可以让人乐而忘忧。

苏东坡静静地感受茶汤的香气，有风、有松树、有雨雾、有山泉的味道，有心中期待的所有滋味。

记得苏东坡在杭州任知府时，曾与友人相聚在真如教寺。他在寺内一处琉璃亭里融雪煮茶，后人将此亭命名为煮雪亭。

雪是天上的游子，一旦相逢即成故人。在煮雪亭下烹茶，仿佛亭下还能传来苏先生他们陶然忘机的回声。

我们与他，隔了一个清都山水，两两相望，相看俨然。

松和雪是绝配，在一起有一种孤傲坚韧的风度，脱俗又有壮气。

我仿佛看到苏先生正独行古道之中，看见松树积雪，有一小舟横在江面，渔夫寒江独钓。他滚鞍下马和路边人谈笑烹茶，仿佛忘却了一路风霜雪雨，身心安然。

宋人饮茶，最喜欢在下雪的冬日，不但可以看大雪纷飞的美景，还可以就地取材，用雪水就着泉水一起煮茶。那茶有了雪水的加持，茶不似茶，雪不似雪，仿佛是仙人琼浆。

古人认为雪是天上落下的水，蕴含着天地灵气。雅士们素爱松雪，有清幽的木香，煮茶更为清绝。取松雪储于罐中，深埋地下用作来年烹茶，茶香之外更添了甘洌清甜。

特别是在宋朝，每逢冬天大雪纷飞之时，文人墨客便轮流宴请，邀约好友团坐饮啖。他们会备好一个烧汤烹茶的炭炉，烧松枝，煮雪茶，称之为"暖炉会"。

大家围炉坐在一起，彼此轻声说着话，聊什么都有意思。红彤彤的炭火，映照着红扑扑的面容，忽然就有了一种风情，如此围炉煮茶定是通宵不肯眠。

等到聊尽兴了，少不了赏雪斗诗来解乏。你一饮、我一酌，彼此不受拘束，对着雪花吟诗酬唱，心中有浩荡奔流。

他们不再关心一丝一毫的俗事，就这样认认真真品尝雪水烹煮的茶香，才不枉自己在人间好好活一场。

当围炉的热闹消散而去，那些过往和未来无须多说，只需道声离别。小舟行过，各人自有各人的行迹，只待后会有期。

想起大雪的夜晚，王徽之正在赏雪，窗外一片皓白，忽然想起了好友戴逵。王徽之连夜命人备船，从山阴走了一夜才到了友人门前。

王徽之忽然让船夫掉头返回，他说"吾本乘兴而行，兴尽而返，何必见戴。"这样一个古人只为心念一动，自己尽兴就好。

多年前，有朋友在山上收集梅花上的雪，曾经说好要与我烹雪煮茶，那时我心里雀跃惊喜。只是如今人事皆非，只剩下一些陈年旧事用来怀念罢了。

现实中我们有很多难以应对的事，大多数人貌合神离，但我们也应该在人间的扬尘里看得见美的事，看得见美的人。即使风尘仆仆，灵魂依然能明亮如初。

好想下一场大雪，忙完了手边事，与知心人儿围炉烤火说着家常，再去看一眼寺中园林的腊梅花开了没有。

一个人的内心不积郁，才能打败心里的浊气。自身清亮请从喝一杯茶开始吧。有好的精神养分，再差的境遇也不那么孤单。

雪水烹茶到底是什么滋味，其实都不重要了。古人的清澹和美，我们能高山景行亦是幸事。

生命中的一杯清凉茶

他被贬到岭南时，专程绕道去了一趟金陵，领着三个孩子回到了清凉寺，并带上他们绘的阿弥陀佛像，为她还愿。

看到清凉寺的佛像壁画，一幕幕往事开始在胸中翻腾，苏东坡仿佛灵魂出窍一般，眼里尽是泪水。

她一生喜诵佛经，像极了寺里的菩萨。她对自己的这片深恩，他一生也还不完。

苏东坡想起温存心头的岁月，他好想和她说说话，说说美的月，美的雨，美的花，美的人……

只是一句"唯有同穴，尚蹈此言"，实在比生离死别更令人悲伤。

清凉寺，清凉人。夫人王闰之不正像是他生命中的一杯清凉茶吗？

苏东坡认识她的时候，她还是发妻王弗的堂妹。

王弗和这位堂妹很是亲近，每次回家省亲时，苏东坡和王弗都会去寺院烧香礼佛，去观花赏景，她时常跟在他们一旁。

只是一往情深如水一样留不住，发妻王弗与父亲苏洵相继过世，只给他留下六岁的幼子苏迈。

这样艰难的日子，幸好有王闰之走进了苏东坡的生活。

她原本叫二十七娘，因是闰正月所生，恰有润泽之意，苏东坡便给她取名王闰之。

她性情娴静，看起来没有堂姐的才气，也没有侍妾王朝云的灵气，只是个寻常人家荆钗布裙的女子，能做的就是默默无闻地照顾他和孩子们的生活起居。

王闰之会做眉州家乡菜，会给他煮最爱喝的姜茶。对姐姐留下的孩子视如己出，和自己的孩子一样疼爱。

她陪伴了苏东坡整整二十五年，从家乡眉州到京城开封，经历杭州、密州、黄州和常州，一直陪伴着他。苏东坡在诗中夸王闰之是"惟公幼女，嗣执罍篚"，称赞她是炊茶采桑的贤妻。

他一路风露蚀骨，唯有夫人王闰之为他拂去那些盘踞心头的落尘积灰，心底幽微的火焰被她照亮。

她体谅他动荡寒凉的路程，体谅他诗中寥寥几句的苦难，体谅他嬉笑怒骂缘起有因。

王闰之从不会说讨喜的话，可这片肺腑真情如同溪山湖水般澎湃。

一个夜晚，苏东坡从雪堂出发，准备回临皋亭。一路有故人跟随，他们的身影倒映在地上，抬头望见明月高悬。那一刻，他的心里十分快活，和友人一路吟诵。

回家后，他说："有客无酒，有酒无肴，月白风清，如此良夜何！"王闰之说："我有斗酒，藏之久矣，以待子不时之需。"

正是她的一番温柔心肠，让他体会到艰困之中那些活泼生趣。

闰之这名字取得好，她不是明月，也无皓月之光，却又散发着自己微盈的光辉。

她更像一盏茶，那些温情关怀全敛在茶汤里了，一杯便已入魂。他毫无防备敞开胸怀，这颗心也松开了，可以继续做他的尘缘大梦。

后来，他目睹过很多场突如其来的大雨，雨声阵阵，携着凉意而来。他端着杯子，看着落雨发呆，盏中的茶由温变凉。

苏东坡就这样看着看着，忘记了大宋，忘记了诗，可唯独忘不了她。

他多想和她走过每个清喜的日子，可以去看寺庙长松亭亭和冷冷清溪，可以暮晚对茶你笑我言，也可以闲来无事枕月而眠。

贰

世人以为她只是嗣执罍篚的贤妻，其实她也有林下风气的女子柔肠。

还记得苏东坡在颍州当知州时，在一个春日深夜，庭院梅花开得甚好，皓月当空，可他却无心欣赏。

活得认真的人，总是会多一些辛苦。世人说他多么浩然风流，可他也有难眠的时候。

这么多年，只有王闰之能察眼意，懂眉语，知他心。

见他不快活，如同她自己也不快活。她对苏东坡说："春月色胜于秋月色；秋月令人惨凄，春月令人和悦。何不邀几个朋友来，饮此花下。"

妻子这一番话，让苏东坡大为惊喜。原以为她只是宜室宜家，不知夫人还是个诗人呢，此番话就是诗意呀。

于是他邀来朋友赵德麟在梅花树下饮酒赏月，并取王闰之的语意，填写了这首《减字木兰花·春月》。

春庭月午，摇荡香醪光欲舞。步转回廊，半落梅花婉娩香。轻云薄雾，总是少年行乐处。不似秋光，只与离人照断肠。

春日庭院，皓月当空，堂前小酌，飘然欲醉，起舞弄影。九曲回廊，舞步旋转，树上梅花，一半凋零，酒香梅香，和美醇清。

淡淡的云，薄薄的雾，如此春宵月色，是少年行乐的佳境。不像秋天的月照着离别的人，不免两地伤情。

春日庭院中，银光照着摇荡的美酒。那波光闪烁不定，好似优美的

舞步。走过回廊，已经半落的梅花传来缕缕幽香。

可以想象得到，院子里备好了茶席，燃起了一盏烛灯，眼前一片月色如水。夫人王闰之侍弄着茶食和茶水，苏东坡烹煮着茶，笑吟吟地听朋友醉语。

诗词、书法、茶道、美食都是他的解药，纵然被蹉跎了岁月和皮囊，可他这颗诗心谁也夺不走。

岁月如大浪淘沙，留下的人自有因缘。

在苏东坡心里，王弗是如鼓琴瑟，朝云是解语花，王闰之则是一杯清凉茶。不浓烈，不疏淡，可在他的生命里不可或缺。

无论是过着炊间黄粱的日子，还是起身远赴好景，这杯清凉茶都给了他一场好眠。

苏先生，你们那个时代虽没有那么多情情爱爱，可谁不想有这样一个知冷知热的人？

如今的我们，要珍惜那些在黑暗中陪伴你的人，在生活中逗笑你的人，从很远的地方来看望你的人，经历考验依然还守在你身边的人。

即便光阴凉薄，还请耐心对待我们这个滚烫的肉身，这颗滚烫的心。要好好活，好好吃，好好睡，好好爱呀！

第 6 章

学会和解 把每寸光阴活得饱满

诗酒趁年华

　　苏东坡站在超然台上，外面虽是千钧风雨，可心上却是酒酽春浓。

　　来密州之前，他在杭州过了一段悠游快乐的日子。江南的画舫花船，烹茶消闲，如一场楚舞吴歌的春闺梦。

　　待到苏东坡带着家人坐着马车，一路颠簸来到密州，这场春闺梦顿时如梦初醒。

　　一进到密州境内就赶上蝗灾，苏东坡不是在捕蝗，就是在去捕蝗的路上。在密州担任太守的一年多里，他前脚刚忙完捕蝗抗旱，后脚就得想方设法平匪安民。

　　等到密州的民风逐渐好转，当地百姓饱食暖衣之后，苏东坡总算可以登山临水闲游一番，忽然想起还缺个山岚深处饮茶，敬酒划拳醉卧的亭台。

　　密州北城原有一处旧台，早已荒废。趁着政务闲暇时，苏东坡把这里修缮一新，建起了几间窗阁。

　　超然台冬暖夏凉，高爽敞亮，实在是观景的好去处。无论是万物知春的清晨，或是和风微荡的夜晚，苏东坡一有闲暇就会约上好友登台游览，一同宴饮。

超然台的名字是弟弟苏辙取的，取自《道德经》里的一句"虽有荣观，燕处超然"，也许他是希望哥哥不为功名外物所累吧。

他曾在超然台见过客人来，也曾在超然台目送朋友远去。这里是他对于自己在密州的全情融入。苏东坡说哺糟啜醨皆可以醉，果蔬草木皆可以饱。

苏东坡给了密州一处超然台，密州给了苏东坡一片超然天地。他就这样信马由缰地在春天里走走停停，唯独江水和文章绵绵不绝。

暮春时节，苏东坡登上超然台，看着满城春色，不觉生出缕缕乡愁。再加上清明欲归乡，自己却归不得，怎能不让人叹息呢？

春天是如此生机盎然，可是登上超然台的这个人，心事如烟雨一般朦朦胧胧。虽然在密州做了一些实事，但和他济世救民的理想还相距甚远。

许是想起跟自己际遇相似的谪仙人李白，又或是想起自己和弟弟苏辙离别多年未见，苏东坡情不自禁写下了这首《望江南·超然台作》：

春未老，风细柳斜斜。试上超然台上看，半壕春水一城花。烟雨暗千家。

寒食后，酒醒却咨嗟。休对故人思故国，且将新火试新茶。诗酒趁年华。

眼下的密州，春天虽近暮，东风却还未离去。微风细细，柳条也随之飘舞，苏东坡登上超然台静静地看着全城。

春雨轻轻落下，护城河中半满的春水也跟着荡漾起来。满城处处春花明艳，迷迷蒙蒙的细雨飘散在城中，笼罩着千家万户。

寒食节一过，便是清明。他本想回乡给亲人扫墓，只是密州和老家隔着千山万重。一同前来的朋友曾在故乡眉山做过官，真想问问他故乡的人和事。

好像友人似乎也心有忧思，罢了，罢了，就不要在老朋友面前思念故乡了。姑且点上新火，烹煮一杯刚采的明前茶，趁时光未老，吟诗饮酒自得其乐吧。

这首诗我曾反复吟读，尤其在夜色中读来更有一种空寂的惆怅，可惆怅的背后是苏先生立于天地间的超然自得。

他不是一人抵御千军万马，而是纵身跃入尘世波浪之后，还能把超然过成俏皮的日子，连一身肝胆都是澄澄澈澈的。

（叁）

以前只觉得"诗酒趁年华"这几个字很美。

在我的想象里，那是一个少年身披青袍，骑着白马，御宴簪花的好模样。这才是如玉年华，恰如春风得意。

直到自己在现实中打滚，心念纷飞时，猛然从这句话里看到了曾经的自己。才知道什么是人生苦短，什么是梦幻空花。

没有经过磨砺的心性，都是脆弱的。我们的身心有了怀珠韫玉之质，才能接得住世间一招一式的承受。

自己很喜欢的状态是该沉静时应潜心修炼自身，该做事时应全力务实，其间还能在自我的天地里忘乎所以，沉着痛快。

"诗酒趁年华"的背后，不是让人及时行乐，更多的是让人知足常乐。一个人生动地活着，无非就是在瞬间的悲欢感念里，找到自己一丝丝流动闪耀的光影。

春天让人有一种振衰起废的力量，一眼望去春光烈烈。我一边做着世俗事，一边想着山里的玉兰花纷纷落下的幽景，想想都觉得美。

大自然含有伟大的隐喻，让人盛情难却。春天的魅力，只有珍重惜时，沉入内在的人，才会乐在其中。

我心里的超然台，是翠色氤氲的高岸深谷，如此静好，如此自由。苏先生化为白鹤，正振翅飞上青色的广阔长天，留下铮铮之声。

茶烟竹下孤

总觉得在禅寺竹林下喝茶，是很有古人意境的美事。

我与寺院的缘分，似乎是从下雨开始的。每每过来几乎都是雨天，山岚，山花，山寺，山鸟，雨雾蒙蒙让人涤荡身心。

窗外是春山树冠，寺院里的花有时一下子满树绽开。纵然只是惊鸿一瞥，也觉得清灵逼人。

禅寺与古树的恢宏旷荡，僧人从树下拂衣而过，很有时光迢迢庄生晓梦之感，让人觉得克制、清淡，有余味。

来寺院怎能不喝一杯禅茶呢？和禅师故人们喝茶，聊聊最近的见闻，说到开怀处，也有会心而笑的激荡。

茶如同我们前方山路中的

一座清净禅寺，在茶烟飘渺里，我们聊着一路的见闻。很喜欢看茶烟腾腾，似乎杯中的茶汤也活了起来。

不记得有过多少次和朋友去寺院约茶，我们聊生活的不易，聊喜爱的事物，交流人生各自的体验。喝尽兴了，聊尽兴了便各自起身，告辞归家。

离去的时候，看见庙里有人在抄经，也有居士说着柴米油盐之事，墙外的樱花纷纷扬扬地开始落了。

寺院看似清静，但香客们也各有所求。我们只有取之有道，才能放过执念里的自己，见得山辉川媚的好山河。

茶和花很相似，你以怎样的心境对待它，它便以怎样的面貌对待你。就像年年如约的桃花，拨动春心的是它；若是栽种在禅寺殿堂前，娴静贞洁也是它。

这朵花，在我的生命里曾经很惊艳地盛开过。

贰

在我眼里，苏东坡是个任性逍遥，心怀若谷的男人。

他不像李白那么狂放，也不像杜甫那样圣洁。他是哪怕被万水千山放逐得再凄苦，也能看得到美好事物的人。

很喜欢苏东坡写的这首诗，我想穿过清美的诗词，亲眼看一看苏先生心里有着怎样的琅嬛福地。

步来禅榻畔，凉气逼团蒲。花雨檐前乱，茶烟竹下孤。

乘闲携画卷，习静对香炉。到此忽终日，浮生一事无。

那时苏东坡在杭州任职，邀约友人李范庵去天竺寺找禅师喝茶。正值下雨，他移步到禅房前，山中的雨气氤氲，连榻上的蒲团也有了凉意。

殿外屋檐下的风雨吹打在花枝上，花朵摇摇欲坠。风炉茶烟，一枝修竹在雨中更显得孤寂，这一刻不问朝事，只管喝茶。

他的心中闲适心静，对着香炉袅袅和友人欣赏画卷。到了这里，一天就悠悠过去了，真似一场梦一般虚幻。

在杭州的时候，苏东坡跑遍了寺庙，最开怀的就是与禅师写诗论道。

有很长一段时间，他都喜欢在灵隐寺的冷泉亭批阅文书，有时也会在亭下判案，或是和朋友在这里烹茶。

苏东坡对茶的许多种喝法，让我们大开眼界。他喜欢用隔年雪水烹茶，或是收集竹叶上的露水煮茶。

从爱茶到爱竹，他心中的茂林修竹经历了从"门前万竿竹，堂上四库书"的抱负，转向了"花雨檐前乱，茶烟竹下

孤"的孤寂，最后是"披衣坐小阁，散发临修竹"的超然。

苏东坡的"仙"是沉稳的。这种稳实是对陶渊明归乡田园的向往，也是愿与众人同歌同哭的淑世情怀。有孤立风雨沙洲的惶惑，也有风雨中吟啸徐行的洒然。

在弟弟苏辙眼中，他是那个在醴泉寺采橘，在石头山拾松果的哥哥；在书童眼中，他是纵马春风在西湖，登惠山仰天长啸的苏学士；在朋友眼中，他是置酒垂虹亭上，夜半月出欢饮的东坡居士；在妻子眼中，他是不思量自难忘，身后牛衣愧老妻的苏官人。

我好想与苏先生举杯同饮，庆他千金散尽，却有肝胆相照。庆他流放万里，始终有朋友翻山越岭前来看望。

只是世间哪有称心如意的"扬州鹤"，我们是食五谷之人，岂能真正心安清寂，各自都有取舍和选择的为难。

不过是时刻察觉自己的心念，在烦冗尘杂之外见微知著，努力照拂好这颗尘心。从苏先生白蘷同心的人格里，一点点去抵达天悠地阔的世界。

苏东坡的诗里有豪情的气魄，细读之后还会发现诗句里透着宽厚，处处有着眷恋与幽思。一遍一遍读下去，依然能触摸到那种温度。

　　古代的诗人，还有他们的诗作，若说有什么玄妙，则恰恰在于真诚。基于这种真诚，他们对人不粉饰，对理想赤诚，一切都自然而然地从性灵心地中流了出来。

　　我喜爱诗词、禅寺、书画、茶事，山水、幽林，它们是浸入我骨子里的。也许我的心里，还存有一个已经远去的千里江山图吧。

乳瓯十分满

壹

很喜欢去山野喝茶。想来再雅致的茶室都不如野外席地来得高远辽阔。

带上茶壶、茶杯、花器和小茶桌，欣欣然就出发了。每次回到山中，就觉得灵气飞动，有一种难言的幽欢愉适。

峡谷流水处，有他人留下的石堆和灰烬，捡起附近的柴木，在岩石上煮了一壶老茶，那一刻有一种内敛涌动的热情。

去山中取泉水，一路野花缤纷。不知怎地，想起苏东坡写的一句诗："乳瓯十分满，人世真局促。"

喝茶的快乐是捡漏得来的，读到这句诗，再续上一杯茶，我的身心在那一刻如宝玉披红袍，仿佛痴痴行去无上清凉之地。

此诗出自苏东坡写的咏茶作《寄周安孺茶》，是他写得最长的茶诗，暂且只抄录其中一部分吧。

幽人无一事，午饭饱蔬菽。困卧北窗风，风微动窗竹。乳瓯十分满，人世真局促。

意爽飘欲仙，头轻快如沐。昔人固多癖，我癖良可赎。为问刘伯伦，

胡然枕糟曲。

写这首诗时，苏东坡人在黄州，可他心心念念英山的团黄茶。到了采茶时节，他亲自前往英山采团黄茶，并将此茶寄给朋友周安孺。

诗词我已记不住全文，唯独一两句特别入心。茶碗自得盈满，人世却这样局促孤独，我反复念着"乳瓯十分满，人世真局促"，整个人如同春雷醒梦。

可知茶和人生若是太满，反而也少了一些趣味。得有天地之宽的留白，还要有片刻之间的乘物游心。

人和茶是一场互励互勉的共修，这个信念驱使他往豁然开朗的方向行走，一路经过风声和雨声，还有心底的呻吟。

诗中末尾更是写出了苏东坡的心声，我们有茶这样值得终生相伴的朋友，何必像竹林七贤的刘伶那样醒生梦死醺醺大醉呢？

"乳瓯十分满，人世真局促"，从前读这句只觉得苏东坡失意感叹。如今细细回味，真是直戳吾心，如同执炬逆风。

茶让人飘飘欲仙，让人清爽如沐，苏东坡确信身体里正有一个春天在醒来，心有雀跃。

贰

有时看他，也是一个如你我一般有着内心苦楚的凡人。

被贬黄州不是苏东坡的主动选择，却成了他和一家人的眠食之地。东坡居士，本身就隐含了居家黄州的本意。

刚来黄州的苏东坡还处于欲飞还敛的状态，到了东坡雪堂的那日，他天性中的活力终于被涤荡了出来。

雪堂成了朋友汇聚地。道士杨世昌来了，同乡巢谷来了，诗僧参寥来了，画家米芾来了……有人心温暖，有茶酒相随，困顿的苏东坡又满血复活了。

苏东坡在黄州多次游览赤壁，他与道士论道，说曳尾之龟，说逍遥游。他在月下独自登山，对着大江哗然长啸，是豪迈之言，也是苦闷抒发。他偶遇的那只孤鹤，是可望不可即的另一个自己。

赤壁游让苏东坡的心力向着另一条路伸展，从人间的幽昧之地，逐渐超越世外之境，最后又复返人间。他安贫乐道躬耕陇亩，从一杯茶里照见人生本质。

世人都教我们放下，仿佛就像禅师一样，开示几句就可以放下了，可是我们真的能放下吗？

人的欲望如同茶，时而揉成团饼按斤折算，时而高温冲泡入了身心，那些无限滋味只有我们自己明了。

在很多表面的平静下，很多人是提着一口气，强迫自己不露怯，不皱眉。我们一生太长太远，很难一下就见到春和景明，更多的像是在翻越无涯的高山。

其实世间的苦乐大多雷同，在哪里都脱离不了人情世故，都要披挂上阵去应对滔天浊浪。

生活中我们能够把握的，还是这些自寻的小乐趣。苏先生通过喝茶与自我和解，是让我们无论在何种境遇下都不要害怕直面自己的内心。

正如一个写作者对人世的深情和怀疑，是同时并存的。想想人生的意义，有时这样鲜活和明亮，有时这样颓然和萧索。

芸芸众生中能够坚守自我又游刃有余，这样的人确实少见。生而为人，我们不过是各有风流，又各有平凡。

还是好好守护自己的精神道场吧！心里舒缓才能度过重复的每一天，如今我只盼着多一些红尘作伴人。

谁一辈子能没点儿遗憾呢？连东坡先生也说过，人有悲欢离合，月有阴晴圆缺。正是有太多的缺憾，我们更需要诗词，需要茶，需要同道人。

越沉浸在茶里，越能感受到茶让自己逆流而上，那里有一座幽幽流深又柳暗花明的南山。

人间有味是清欢

他刚结束在黄州的贬谪，又被调到汝州去任职，忽有一种入山林的喜悦。

苏东坡携着一家人行了一程水路，经过一个叫泗州的地方。泗州友人刘倩叔早就对他怀有倾慕之情，见苏东坡一到此地，立刻前去拜访并为他设宴洗尘。

相陪了一些时日，刘倩叔邀约苏东坡一起同游泗州南山。

他以戴罪之身赶赴另一处，难免生出拔剑四顾心茫然的惶惶，但对春暖花开的期盼依然浓烈。

初春的清晨，南山下着细雨，天气乍暖还寒，杨柳枝条如丝如缕。等到细雨渐停，看到山上缭绕的云烟和杨柳，幽鸟相逐，河水缓流而下，汇入江河一片浩瀚。

眼下有一种不浓郁、不疏淡的美，让他有缱绻的恋世之情。苏东坡感受到片刻的心与天游，于是写下了这首《浣溪沙》。

细雨斜风作晓寒，淡烟疏柳媚晴滩。入淮清洛渐漫漫。

雪沫乳花浮午盏，蓼茸蒿笋试春盘。人间有味是清欢。

进山也得歇歇脚，下午便是清茶野餐。宋人吃茶，讲究茶沫如雪。菜是春笋和蓼茸。雪沫乳花的香茶和翡翠般的春蔬，和这个春天真是相衬。

席地而坐，无酒无肉不重要，无丝竹歌舞更不打紧。有春盘素菜，有雪沫乳花，这让苏东坡感到了人间真正的味道。

山鸟啼啭，清越动人，似一场委婉却意切的邀约。天地重归清明，自己也重归清欢。

人间的滋味都在自然而然的过程里，一旦刻意就不好玩了。一个人的放松还得是在自然中才更为袒露和敞开，这时方能识见那一点真我。

所有的刀光剑影，都会成为灵魂的升华。苏东坡把儒释道揉碎融在一起，把曾经的理想主义落地为温暖之情。

苏东坡走到哪里，就认真地生活在哪里。他用自己的治理才能惠及乡亲，自己的诗书也是贬到哪就写到哪，武能跃马射狼，文能情意拳拳。

　　纵然被诗文所累，被声名所累，但他敬天、敬地、敬自我，将自己的快乐与凄凉都散落在自己的人生经历中，借着世间万物转化出去。

　　他是仙人亦是俗人。在茶里拈花笑道，在生活里当个凡人，把卓卓才华揉进其间。人生的宽度，不是能行至高处，而是行至低处仍对自己不放弃。

　　大美的灵魂从不会湮灭在茫茫尘埃中。

　　他在众声喧哗中踏着轻盈笃行的脚步而来。一句"人间有味是清欢"如同禅宗真言。

　　越思忖这句话，那些心里的负面情绪越容易被消化，满目皆是自己内心的青春。千言万语都融在花的清香里，化在笔下的诗文、杯中的茶汤、野地的食蔬里。

　　清欢不是狂欢，更不是贪欢。不是消极避世，更不是羽化成仙。是清淡的欢愉，也是容止气度宛如清水。

　　苏东坡把清欢化成赤壁的涛声，化成承天寺的月光。这是一种不矫情的，被反复淬炼过的，起落平和的心境。

　　这个人的气息如同在我身边，苏先生是我亲切的知己，是我尊敬的兄长，是我欣赏的词人。只要有他的陪伴，我总能找到岁月的一盏清光。

　　我们这一生得到相见有清欢的人并不容易。有的人内心世界是丰富

的，有的人内心干涸。说到底，生命需要自
己去找寻意义，而不是等待他人来拯救。

我们熬过了年龄的执拗倔强，才明白生
活深处的温和。我等做不了无羁无绊之人，
也得在时光下坚持做一个温柔坚定，不卑不
亢的人。

记得吉田兼好曾在《徒然草》一书里写
道："世事无常，万物都不足以长久倚赖"，
初读不免觉得颓靡，但反复咀嚼后来才品味出仍有精进在其中。

人之所以烦恼，是因为来自内心的愿景与现实有强烈的冲突。当我
们明了人世无常难以持久，才应该更用力地活在当下。

但活在当下不代表无所作为，而是要努力活出踏实真实的自己。少
一些对他人的期待，多体察生命中的美。

人有心念时，身心是虚浮的。这时和苏先生一起转化，借一杯茶与
自然贯通，去欣赏一棵水边开花的栾树，看簌簌的落花是如何的美。

只要有心，我们随时可以感受到每一刻的美，恰如春天应当闻香而
动。在浩大的浪潮里，希望勤勤恳恳用心生活的微小个人，被善待，被
关爱。

给自己一场清欢吧，去山林、溪水处畅游嬉戏。饮茶且饮三杯，一
杯解忧，另一杯敬自己，再饮一杯忘却前尘。

行遍天涯意未阑

他的理想是想当个道士，道士没做成，却在茶事中修了一颗禅心。

苏东坡未入佛门，可交往过的僧人不下百人。他喜欢与禅师饮茶、赋诗、论禅、观景。每次去寺院，都有一种静定之气充盈着他的肺腑。

他写了很多茶诗，和禅师喝茶谈禅时的交往唱酬，无形中启发了苏东坡的禅心。

有一年，苏东坡在赴任湖州途中曾和好友秦观、参寥子一起同游惠山寺，写下了这首诗《赠惠山僧惠表》：

行遍天涯意未阑，将心到处遣人安。山中老宿依然在，案上楞严已不看。

敧枕落花余几片，闭门新竹自千竿。客来茶罢空无有，卢橘杨梅尚带酸。

他在诗中赞叹惠表禅师行遍了千山万水仍然意兴盎然，常怀着一颗慈悲心化解凡人的愁绪心肠。

这位德高望重的僧人生活在寂寂山林，案牍上摆着的一卷《楞严经》，不用翻看就已谙熟于心。

禅院里栽种了很多花树和青竹，每每斜倚枕衾，望见窗外落花片片飘零。闭门坐禅，室外竹叶青青洒下一片浓荫。

白日有客人来访，除了一盏清茶无以招待，院子里栽种的卢橘和杨梅都还酸酸的，难以上桌待客，希望友人知晓自己的一番心意，莫见怪才好。

一句"客来茶罢空无有"写得多自然，诗中有禅，茶中有禅，本就是自然而然本心而动，他自己是空的，天地也是空的。

诗中提到的《楞严经》是苏东坡一生的精神安慰。

贬谪途中，此卷经文一直伴随他漫长艰苦的路程，特别是谪居儋州时，苏东坡时常将此经放在床头，时时仰读妙偈。他还向别人推荐《楞严经》，说经文雅丽，书生儒士学佛者读它颇宜。

从他的禅诗中回望，我们能看到他的真实和虚幻，看到他的济世救民，看到他对生死的了悟。

苏东坡在诗中抒尽壮志，也在茶里和乐守静。他将生命、情性、力量融入一碗茶汤里，荡涤得干干净净，心中只留下清幽淡雅的禅意。

人世匆忙粗粝，活得恣意且自在的人少之又少。庆幸他的诗词里有灵性的养护，才得一颗清明之心。

中年之后的苏东坡，成了一位禅者。

"乌台诗案"应该是人生当中最大的一次劫难了。来到黄州的苏东坡成了一个不得签书公事的闲人，一个食不果腹且被限制行走的罪人，还是一个为口腹生计而奔忙的农人。

刚来时他焦虑，他彷徨，他难过，但日子总得好好过下去不是吗？

苏东坡开始读佛经以遣日，寻求解脱之道。也是受他的影响，妻子王闰之和侍妾王朝云也同他一起学佛。

他们一家人信佛，他自己也常与僧人交游。平常苏东坡好穿僧衣，为了不让官家人看到，就会在外面加一件朝服，待到去禅寺找僧人喝茶时，就穿着僧衣到处晃悠。

每天只读经书不够，他还在安国寺长老的指导下，学习禅坐功夫。直到苏东坡悟到茶和禅相融的妙意，便开始走向"归诚佛僧，求一洗之"

的禅者之路。

他逐渐超脱出来，和草木交流，与山水交融，同茶汤共生。最终，自己的内心活了过来，将苦难转化成了菩提。

苏东坡的诗和茶藏着恣意，也藏着禅意，禅给了他一副重新打量世事的心态，如老僧坐禅，愈坐愈深，能浑然忘我。

他有仰天大笑的飞扬之姿，也有折腰时的拈花微笑，同时将身体的漂泊化为慈悲喜舍，被儒释道三昧真火淬炼，修炼成让内心安住的状态。

苏东坡心中有多个自己，儒士是他，佛子是他，修道者也是他。

无论身居庙堂，还是被贬江野一隅，峻烈的落差并没有击溃他的生命力，他从不放弃自己，始终自勉自赎。

苏东坡不仅走进了我的心里，也走进了大家的内心，他的纠结、挣扎、妥协、无奈，仿佛我们也同样经受过。

年少时我们渴望跋山涉水，一意孤行，可太多的远方都不如我们踏实地活着。春天是在一花一叶里缓缓走来的，人的正气也是在一茶一书中慢慢聚起来的。

你且看，无处不是道场，我们受哪方水土地气滋养，磨成什么性情，这些得日日关照，更得有耐心向内降伏好这颗尘心啊。

想想我们这个肉身既脆弱，又强韧，也无畏。一个人对美好情怀的向往，是对人生无常的接受与珍惜，并在前行道路上去释放自身的能量。

一个人对自己的人生认真生活过，真心爱惜过，努力尝试过，都是对自己很好的交待。

且尽卢仝七碗茶

如果不曾读他的诗词，苏先生在我眼里是一个雨中行走，梦醒煮茶，坦荡逆行的轻舟人。

他在杭州的时候，还未深深走入烟波浩渺的世情。偶尔告个病假，置备茶酒泛舟西湖，独自一人醉卧舟上，看水波荡啊荡，山水总是那样令人动情。

木舟飘飘然，送他去烟云深处的寺院，这里暮鼓晨钟，香火幽美。到了傍晚，苏东坡又去了孤山，拜访智果寺的惠勤禅师。

寺院内有泉水流出，味道甘冽，适宜烹茶。惠勤禅师得知这个茶痴又来了，立刻汲取泉水烹煮好茶相待。

惠勤禅师将一盏酽茶递给他，苏东坡想起了唐朝诗人卢仝的七碗茶，便也一连喝了七碗，饮完顿觉同卢仝一样飘飘欲仙。

喝了茶的苏东坡神思灵现，写了一首诗题在惠勤禅师僧房石壁上：

示病维摩元不病，在家灵运已忘家。

何烦魏帝一丸药，且尽卢仝七碗茶。

苏东坡以维摩诘自喻，说称病的高僧根本没病，只是为了向大众说

法而装病，他像谢灵运一样云游在外，把家都忘掉了。

当年魏文帝希望有人给他一颗药丸，服用后可羽化成仙。其实哪需要什么仙丹，只要有卢仝的七碗茶，人生何处不是仙境呢？

苏东坡将禅、茶、诗化为一碗禅茶，如饮灵境山川，如饮世事淡然。这样的茶汤喝下去，真是让人觉得心中开阔，开阔到使我们觉得一切皆有光明。

苏东坡多次在诗中将自己比作卢仝，庆幸有茶仙照耀他的心神。

那是一个寻常的日子，老友马子约不远千里安排绣衣官来送密云龙茶饼，还细心地将这上好的团茶用白绢密封着。

送茶官敲门时，苏东坡刚从梦中醒来，如同惊醒了卢仝的梦。他拿到新到的团茶，立即倚着北窗细细欣赏这饼珍贵的好茶。

于是，他写下了这句"惊破卢仝幽梦，北窗起看云龙"。梦中的苏东坡在风雨中无处藏身，正好有杯热茶递了过来，喝完后身体热乎起来了。一觉醒来，只觉得全身轻轻柔柔。

待到苏东坡调任湖州知州时，他带着门生秦观和诗僧参寥子同游惠山。写下了这句："颇笑玉川子，饥弄三百月。岂如山中人，睡起山花发。"

他和友人在惠山林间舀水煮茶。紫色茶盏中，茶汤之味堪称神奇。朋友送来的茶，他像是爱茶爱到了痴迷的卢仝，连饭都没吃饱也要侍弄三百饼茶。

还是做一个山里的隐者最好，春睡起来看看满树的繁花，山间小路上也无来客，独自品茗，一个人随风顾盼。

在一个诗人的眼里，茶是古松，是落花，是雾霭之间隐现的幽隐禅寺，是松风里流淌的静谧月光。

清风下酒，春雨上茶，冬雪暖炉，都是人世间美好的眷顾。

苏东坡泛舟赤壁时，想到的是那个远离世间的唐朝茶人。

他划着小舟乘着月色夜游，江上清风和山间明月，也许是他与卢仝相逢的见证吧。若真是见了面，一个会说"乘清风归去蓬莱山"。另一个会说"飘飘乎羽化而登仙"。

苏东坡站立在赤壁上，如同驰骋在明月之上，他高歌吟啸卢全的"七碗茶"。

一碗喉吻润，两碗破孤闷。三碗搜枯肠，唯有文字五千卷。四碗发轻汗，平生不平事，尽向毛孔散。五碗肌骨清，六碗通仙灵。七碗吃不得也，唯觉两腋习习清风生。蓬莱山，在何处？玉川子，乘此清风欲归去。

茶对苏东坡说来，并不是口腹之饮，而是精神灵丹。连喝七碗之后，他如卢全附体，有一股茶气徐徐充盈至全身，清洗心魄。

苏东坡的精神气质与卢全的精神高度非常契合，他们俩人对茶，对自我追寻是同气相求，这种相求是追求儒释道的精神统一。

他起起落落，可始终不曾绝望。我眼中的他，是那个胡天八月飞雪中的勇猛少年，也是那个花开东坡山头的悠闲雅人。

只是脱身红尘，终究是一件不可抵及的事。如苏先生这样的风流人物，照样境遇更迭不休，更何况渺微如今天的我们。

都是凡人啊，谁不是饱尝世间人心的沉浮，谁不是背对众人暗舔伤口。我们有自己的白昼和黑夜，无人引路时，唯有自渡。

茶是其中的幽径自渡之路，让我们沉醉不知归路。它和文字一样，能唤醒我们的身，沁润我们的心，唤醒风霜洗礼后又萌发出来的深情。

曾经有一位朋友告诉我，他想寄身云水，志许烟霞。那时我很钦佩他这颗世外之心。也不知多年后的他，是否过得安好，那颗道心是否依旧。

光阴兀自过去，眼下再没有比"惠风和畅"更好的祝愿了吧！

清风一榻抵千金

每当看到古画里那个披蓑衣、戴箬笠放浪江湖的人，我便幽幽地想起苏先生。

他好似从云端欣然降落，落在哪里，哪里便发出扣人心弦的回声。

苏东坡是那个烹茶的人，我是那个以扇煽炉的书童。看他清茶斋饭

吃饱喝足，往竹席上一躺，我也跟着睡卧闻香，梦里跟着他去寻三国周郎。

跟了先生这么多年，他这个人好吃、耽酒、贪睡、痴茶。不过，他爱酒是幌子，爱茶是真性。

苏东坡既有风云又有风月，风云之势如大江大河。但我也知道，在空无一人的夜里，他也会对着一朵散发幽香的茶花默默哀愁。

我与苏先生一起慎微过、风光

过、灰心过、挣扎过。在书童的心里，他是那个香象渡河的悟道人。

跟随先生的那年，他在杭州任通判。每日看苏学士疏浚西湖，修筑苏堤，为了当地百姓劳心伤神。为了宽慰他，我提议不如去佛日寺约道荣禅师喝茶去。

他也确实是疲乏了，一听有好茶喝，心里一下就被震醒了，整个人逸兴壮志。

来到佛日寺，见禅寺树荫环绕，室内一几一榻，一瓶花、一香炉，书画数卷，挚友道荣正煮茶相候。

饭后一瓯淡茶，再往榻上一躺，枕边轻风拂过，他不知不觉入眠。鼻息缓缓，任凭庭院中的花朵飘落，顿觉人生中所有未满足的心事都圆满了。

我也不敢打扰他和禅师的午睡，远远地找个凉亭偷懒打盹，连扇火的扇子掉在地上也不知道。

不知过了多久，听见苏学士的笑声，想必定是午睡醒来，写了一首好诗正偷着乐。果然，他把这首诗《佛日山荣长老方丈五绝》赠给了道荣禅师。

食罢茶瓯未要深，清风一榻抵千金。

腹摇鼻息庭花落，还尽平生未足心。

书童不懂诗，听苏学士吟诵只觉得饮涤昏寐，爽朗满天。以后我逢人便可说，咱们苏先生的鼾声也可入诗呢。

若是没有后来，陪着他在杭州寄情山水，野逸萧闲，这日子自是昭昭安逸。

山间流泉，亭外纷雪，禅寺落花，这些都是苏学士饮茶的好去处。

他把去被贬之地视为飞鸟入林，只要哪里有茶喝，便步履轻快欣然前往，像是抖落了沉甸甸的包袱，此心早已登舟而去。

"清风"在他的诗里被多次提到，苏东坡把清风吹拂的那种清爽闲意表达得淋漓尽致，诗人总能捕捉到一瞬间的真如。

清风皓月总是不偏不倚地洒落在世人的眼前。

苏东坡黄冠草履，葛衣鼓琴。他以苍苔为褥席，高云为帷帐，当明月清风与他一起，好似天地与人世间的风霜都奈何他不得。

是真的奈何不得吗？从古至今，又有多少漂泊的诗人也需要咬牙栖身。

宋朝如同人性的多面，一面是瘦金花鸟的文化风雅，一面是靖康之耻的悲情泣泪。一面是千里江山的烟霞盛景，一面是边塞饮血的孤绝长叹。

苏东坡本是少年天才，他真正年轻过，真正张扬过，原本以为会有顺当坦途，可也因此成为了不少人的眼中钉。

也罢，也罢。他收敛了锐气，徘徊于浊世悲辛与理想之境中。纵是一肚子不合时宜，总还是痴心以诚。

苏东坡对人掏心掏肺，浑然不觉岁月箭矢锋刃。见人苦如自己苦，见人乐如自己乐，他和天地一起和光同尘。

虽朝堂失意，但却为苏东坡展开了一片天地。他给清柔软绵的宋词注入了开阔的精神内核，将风情弹唱变成了壮阔的抒怀。

苏东坡让我想起一个字：清浊并饮。清与浊全看饮者的心性。

他如一杯老茶，刚开始经过热水烹煮，但沸腾的茶太烫人，放久了茶又凉了，直到经过多次煮沸，才把清冽可鉴的茶味品出来。

明明他一个人在月光下心事酸楚，可转眼间又回到饭后午睡醒来吃茶的闲适。似乎只有在茶里，苏东坡才活成了自己最舒展的模样。

苏东坡越深入茶，越觉得茶有值得玩味的境地。茶里有他的白水鉴心，有花晨月夕。

他把自己化为一座茶山，山里有他的痕迹，那是不为天拘，不为地拘，不为人拘的精神。

若有来世，我真想做他的书童。

在苏先生沿途苦厄时，不忘为他沏上一杯清茶。在他半夜睡不着找朋友喝茶时，为他摇扇纳凉。

看他执笔当剑，看他吟光颂亮，看他穿云点水沾身即去。俺这个小小书童也跟着骨清神爽，蓬荜生辉。

清风明月默默地陪着我和他，它们一直都在。

从来佳茗似佳人

这世上的人，可能唯有他恨不得抱着茶与它同眠。

茶是佳人，是知己，是修行的得道高人。茶得以重塑了他，给他镀了一层金身，整个人才变得仙气腾腾。

喜欢苏先生写的这首古诗，写得山温水软，柔情可人。

仙山灵草湿行云，洗遍香肌粉未匀。明月来投玉川子，清风吹破武林春。

要知玉雪心肠好，不是膏油首面新。戏作小诗君勿笑，从来佳茗似佳人。

那时苏东坡在杭州为官，远在福建的好友曹辅寄来当地的壑源茶给他，官焙贡茶异常难得，他收到后真是喜不自胜。

苏东坡被这茶勾住了七魂六魄，立

即净手、焚香、煮茶，这般心情像是与久别未见的娘子相约见面。

他欣然赋诗回赠，说杯盏里的茶如流动的云雾，滋润了茶芽灵草，茶山犹如梦中仙境。茶叶一片浓一片淡，像美人红妆一样有风姿。

曹辅兄，你将这圆如明月的茶饼赠送给我，我饮完后像卢仝那样，如习习春风吹暖了杭州。这来自建州的北苑贡茶冰清高雅，涂了膏油的腊面茶哪里可以与它相提并论呢？

我写下此诗，还请你莫见笑。实在是好茶犹如佳人，香气芬芳馥郁，又清新雅致，令人情不自禁啊。

苏东坡和曹辅常有诗词唱酬，互赠茶叶。他被贬之后，曹辅时常惦记着他，常常给苏东坡寄去好茶、丹药之类的礼物。

苏东坡还将曹辅的好茶比作明月，将自己比作卢仝。他先是赞叹了朋友的好茶，顺带还夸了自己。

称赞佳人还不够，这句"从来佳茗似佳人"隐喻了茶有君子贤良淑德的美意，有天然真味和内在美质，如同君子藏器。

苏东坡的朗朗言行是日月星辰，他每到一地都会入乡随俗，倾尽胸中所学，勇于为民发声。到了离任之际，很多州民拜别于他的马前，献酒送行。

即使在最为遥远的海南岛，也不乏学子"自江阴担簦万里，绝海往见"，长途跋涉走了三个寒暑才抵达儋州，只为了见他一面。

有的人在路上会恰逢春光，有的人在路上会遇到低谷回流。可苏东坡无论怎么都从不灰心，他自省吾身，忘怀得失，用一腔热爱实现精神上的突围。

天道无常又如何，冷雨风霜又如何，只要有茶，苏东坡依然"大丈夫逍遥世间"。茶汤的力量将他心头的月光倾泻出来，照亮了万物。

苏东坡这句"从来佳茗似佳人"，让我想起梅妻鹤子的林逋。他写"疏影横斜水清浅"时是把梅花当作女子来爱，梅带傲骨，鹤有仙气，它们和林逋清绝高洁的人格合而为一。

苏东坡也是把茶当作女子来爱，佳人之美在于其冰清玉洁的本质，而不是靠膏油粉妆涂抹而成。

当我们的内心柔软下来，时刻将吾心照拂，才会对萋萋芳草和嫩绿叶芽怀有脉脉温情。

说到茶如佳人，我很喜欢的一款茶就是东方美人。

每次喝东方美人，心情就像湖水那样澎湃，恰似打开月光宝盒，有美人呼之欲出。端起茶盏，我想到的都是曼妙的文字，比如海棠醉日，林下风致之类。

我喜欢在茶室和姑娘们安安静静地喝茶，说些闲适的话。东方美人的花香和蜜香迎面而来，浅饮一口有种温柔的安抚。

茶这位佳人，如如不动地坐在那里，不言不语就能让人沉静和谐。一道好茶，恰似禅门里的不立文字，直指人心。

不同的茶香，会改变一个人的气质。茶这位古典佳人用翩然起舞的姿态，让我们心无负累。有它相随，相信前方的路定有春和景明。

喝茶并非仅仅是因为日子闲适，实则是打开安抚内心的通道。我们只要不气馁，总会在幽幽暗暗中窥得一丝天光。

谁也无法动摇一朵山花在春天里盛开的意愿，如同没有人能动摇苏先生的山止川行一般。他行走的山路看似沉重，却有轻盈的凌波微步。

你看他夜醉归家，怎么敲门都没人开，本该是恼怒的事。苏东坡却淡然一笑，索性倚着手杖听江涛声，这是对他人的温柔，更是对自己的温柔。

苏东坡从不是在逆境里呈现怨妇姿态的文人，当他走累的时候，前方既不能进，后面也不能退，那索性就在山道上停下来，准备一场茶歇。

在他的诗里，湖如西施，茶如佳人，舟如庄子。湖、舟、茶、山、风，天地万物一下子都活了起来。

很多人总想等着做完俗事，再去回归做自己。其实人情俗事永远做不完，只要你有家人，有承担之事就很难放得下。

转念想来，有花堪折，有茶可饮，有人可相逢，惜缘而不执着，就已经很好了。无论在怎样的境遇下，我们先好好珍重做个红尘凡人吧。

故人情义重

　　他总有一种前生到过杭州的错觉。

　　即便到了黄州，苏东坡仍希望还能回到魂牵梦绕的杭州，说自己是"前生我已到杭州，到处长如到旧游"。

　　初到黄州的苏东坡，不敢提笔写文章。心情烦闷时就喝茶读经，对着临皋亭看江水滔滔。这日他听见叩门声，披衣启门，恰有故人鸿雁传书而来。

　　原来是杭州的朋友们托人千里迢迢送来了信和礼物，正巧苏东坡在梦中与杭州故友一起喝茶，情到深处写下了这首诗。

　　昨夜风月清，梦到西湖上。朝来闻好语，扣户得吴饷。轻圆白晒荔，脆酽红螺酱。更将西庵茶，劝我洗江瘴。

　　故人情义重，说我必西向。一年两仆夫，千里问无恙。相期结书社，未怕供诗帐。还将梦魂去，一夜到江涨。

　　他在诗中写道，昨夜梦到西湖，早晨醒来就收到杭州友人寄来的礼物。有青圆甘甜的白晒荔，脆酽下饭的红螺酱，还有可以抵御瘴气的西庵茶。

这个"好语"一词很有趣啊，如同今天向心上人表白说我想你了，有着直接的欢喜。像一个情窦初开的男子，喜欢一个人就为对方写诗。

苏东坡将信中的嘱托和礼物细细写来，表达对友人情意的感激。可惜他人在宦途，身不由己，无法实现当初结诗社的约定。只能在夜里"梦游"，希望回到杭州的江涨桥。

这份故人情义重的背后，是杭州的朋友们凑了一些份子钱，雇了马夫来黄州看望苏东坡，每年两次千里往返，给他寄一些银两和生活物资。

朋友们还在信中提到，希望能和苏东坡一起创建唱和诗文的诗社，他们并不惧怕受到他的牵连。

令苏东坡所欢喜的并不全是西湖的湖光山色，而是杭州故人对他这份深厚的情义，让他知道谁是自己的真朋友、假朋友和酒肉朋友。

你以为他是把酒言欢的文豪，实则他处处遇险。你以为他是超然物外的得道人，实则他是为了碎银几两而奔波。

苏东坡一生两度任职杭州，后来起复还朝时，并没有想着报复陷自己于生死境地的故人。即使一次次被贬得凄苦，可苏东坡那颗滚烫的心从未真正冷却，他对自己，对朋友，对生命的爱保持到了最后一刻。

苏东坡总是在重复一场又一场的告别。他与家人告别，与朋友告别；与杭州告别，与功业的期望告别。

可是他对生命的热爱永远不会告别。这份热爱让他有了化骨绵掌的功力，甚至还有了一丝丝生活的浪漫。

茶是涤烦子，酒为忘忧君。

很喜欢古人将茶叫做"涤烦子"，万千辞藻，都不如这三个字落地有声。

苏东坡更是深得饮茶调病的精妙，他在诗作中多次提到茶能"洗瘴气"。说茶可以"浓茗洗积昏"，不但可以洗去瘴气，还能除烦去腻。

苏东坡喜欢去深山禅寺里找名泉，而名泉往往都在崎岖的山上。古时的山路又没有我们现在的路好走，可想而知他喝个茶也得费些工夫呢。

不过他一到山水间行游，自然的神性与灵气流露，那些心病仿佛立刻就好了。茶仿佛在告诉他，即便一路走来心有苦涩，也得用情去体会每一滴茶的清甜。

苏东坡有着和茶相通的高洁精神。他同情茶农，更嘲讽那些达官贵人以茶讨好媚上的行径。在他心里，一杯色香味俱佳的好茶，便是佛法

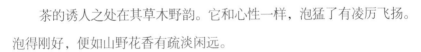

中的"持戒"。

好茶和好人，质地是一样的。茶得花时间深植一隅，才能内涵丰富，从心里生出一段清逸，如同文章气节少年人。

想起有一年我和友人在茶园采茶，山里雀鸟喁喳，园里一片新绿，正是采明前茶的好时节。

饮一盏山野春茶，如在舌尖润了春天，生出一个清澈透亮的"我"。一个人只有跟随大自然的时候，身心才是不被束缚的。

茶的诱人之处在其草木野韵。它和心性一样，泡猛了有凌厉飞扬。泡得刚好，便如山野花香有疏淡闲远。

一些没有说尽的言语，就对着春风里的青山花树说吧，要相信春天会善待每一个沉潜蓄势的人。

世俗关系里，亲人也好，朋友也好，都是聚散终有时。即便生活有些粗糙，也得鼓励我们自己，不要消磨掉那份心志和生趣。

写到这里，记得我曾经收到一位江南姑娘寄来的荷花，因路途颠簸，荷花到时已经有点蔫了。用花瓶装了清水供养，荷花见了水，不一会儿便开合舒卷，清气可掬。

花和茶都是次要的，这份能被友人时常惦记的情义，让人看着就觉得很温柔缱绻呢。

只有病渴同相如

世人说他好酒，其实他更爱茶。

他喝过极贵的茶，也喝过极涩的茶。无论去到哪里，茶就喝到了哪里。茶不仅安放了身心，更见证了他和朋友之间的风雨同舟。

学生黄庭坚给他赠茶时，苏东坡刚被晋升为翰林学士，由昔日被贬的罪臣成为当时的清贵之官。

那日，黄庭坚得到了家乡的双井茶，惦记着老师苏东坡喜好茶，赶紧派人送去给他品尝，并赋诗一首《双井茶送子瞻》。

人间风日不到处，天上玉堂森宝书。想见东坡旧居士，挥毫百斛泻明珠。

我家江南摘云腴，落硙霏霏雪不如。为公唤起黄州梦，独载扁舟向五湖。

信中说，人间的风也吹不到你在翰林院的殿阁，那里宝书如林，非常清雅。很想念你这位东坡的旧居士，希望能快点见到你。我想到老师你只要一挥笔，就能流出百斛明珠。

正好我收到了亲人寄来的茶，这是从江南老家摘下的云腴茶，用石

磨研磨，碾过之后洁白胜雪。知道你和我一样嗜茶，想马上寄给你一些，盼望能唤起你以前在黄州的温暖回忆。希望可以有一叶扁舟，载着你到我这里来，让我们得以相见。

苏东坡收到茶叶和诗帖之后，赶紧泡了一壶茶品尝。茶香混合着树叶的香气，仿佛身处西湖之上。

借着茶兴，他也写了一首《鲁直以诗馈双井茶次韵为谢》回寄给黄庭坚。

江夏无双种奇茗，汝阴六一夸新书。磨成不敢付僮仆，自看汤雪生玑珠。

列仙之儒瘠不腴，只有病渴同相如。明年我欲东南去，画舫何妨宿太湖。

他回信说，你寄来的茶已经收到了，在你的家乡江西修水，那里盛产品质非凡的双井茶，天下无双。

自己不敢随意交给僮仆煎煮，要亲自看着水中的茶末慢慢沸腾翻滚。明年我将路过太湖，但不打算坐扁舟，想乘画舫去，这样可以在湖上过夜，希望那个时候能见到你呢。

苏东坡对黄庭坚送的茶十分珍视，这无关乎茶叶的名贵。他深知黄

庭坚诗中的苦心，借着送茶的机会，提醒关怀他要适时进退。他深感"病渴同相如"之情，期待俩人能逍遥自在地同游江湖。

古时的相见和告别既悲壮又温情，只愿世间的人们，相聚的时间能久一些，再久一些。

他认真宽容地对待每一杯递到手中的茶。

每到一地，他必去寻找当地好茶。清明或者茶叶收成时，他把茶叶包好送给远方友人，而朋友们也会把当地很好的茶寄给他。

茶是他的一缕仙气，可谓是"高士无茶不风流"。互相送茶赠答，在他的诗词中亦是常态。

黄庭坚是江西修水人，那里的双井茶在宋代是名茶，也是贡茶。当时黄庭坚在京任职，他第一时间就想到了老师苏东坡，并写下这首情深意切的诗作。

黄庭坚不单是赠送好茶给苏东坡，更是借着茶让苏东坡别忘了被贬黄州之苦，不如及早效法范蠡，来个功成身退，归隐田园岂不快哉？

这师徒俩通过茶互相往来，更有一种深邃之情融入茶汤里。

那时古人相约很有意思，彼此只有书信，或者长途跋涉走到对方那里去。说好一年后或者十年后的今天相见，然后双方就数着日子守在那里。

苏东坡每到一处都有很多朋友，朋友们被他照亮，这些友人也照亮了他。这些情义就像天空星辰，让夜归的人抬头便能看见。

　　茶之于他，是风雨飘零胸襟难抒时的自守与安慰。仿佛喝下一口茶，再长再寒凉的夜也不必担心了。

　　"想见东坡旧居士"，这一句写得多么直接爽快，道尽了彼此的珍视和期待。

　　此时草虫唧唧，一夜风雨如磐，我似大梦一场，梦里尽是他的人生。

　　就着窗外月色喝一泡岩茶，念着他的诗词，心里想的是青山故人，时空交错，让人浑忘世事。

　　梦里他在水边高歌宴饮，那时还只是落拓不羁的醉酒少年。可一转眼，他已是中年白发的东坡居士。

　　他一有空就给朋友们写信，最后结尾通常是两个字——"呵呵"。他的'呵呵'笑声，穿越千年时空，仿佛现在就在我的耳边回荡。

　　苏东坡的一生，是真性情，真热爱，真入世，是个外刚内柔的淳厚人儿。如此有血有肉，真实得就像发生在你我身边某个兄长的故事。

　　谁不是遥遥路途上的红尘客，隔着那些辛苦路往回看，他只不过是放下了心中枷锁行囊，其实始终性情未泯。

　　在我心里，他如同守望尘世的一轮明月，无论世道多么沧桑，都能与之共存。

　　猛然抬头间，窗外一株灵宵花悄然绽放。想起去年陪我携壶喝茶的友人，已是他乡客了，也不知此时此刻是否同我一样在饮茶呢？

睡馀齿颊带茶香

壹

生活对他不温柔，他就对自己温柔。

苏东坡去密州赴任之前，先去了镇江的金山寺，拜访了宝觉和圆通两位长老，也顺便向他们辞行。长老们请他喝茶，并让他留宿金山寺。

一盏茶喝完，他便呼呼睡去，醒来写下了这首诗《留别金山宝觉圆通二长老》：

沐罢巾冠快晚凉，睡馀齿颊带茶香。舣舟北岸何时渡，晞发东轩未肯忙。

康济此身殊有道，医治外物本无方。风流二老长还往，顾我归期尚渺茫。

傍晚的天气很是凉爽，沐浴后得及时穿上衣裳。茶香助眠，醒来后感觉口中还留着茶汤的余香。

停靠在江河北岸的小船，什么时候才能横渡水面。我只能坐在有阳光的廊檐下悠闲地晒着头发。

治愈自己，我有很特别的方法，但治疗他人，我却什么方法都没有。二位长老经常往来，可是等我归来却不知是何期啊。

苏东坡真是幽默可人，一句"睡馀齿颊带茶香"把一位梦醒时发现齿颊间还留着茶香的先生，活生生呈现在我们眼前。

在苏东坡的诗词里"睡觉起来特别美"的意境特别多。比如"春浓睡足午窗明，想见新茶如泼乳""好是一杯深，午窗春睡足""沐罢巾冠快晚凉，睡馀齿颊带茶香"……

他这人吃饱睡好就特满足，睡到酣畅，睡到天昏地暗，睡到牛饮七碗茶，睡到蚊子嗡嗡也浑然不知。

若是别人会问，仕途如此艰难，他就不难受吗？怎么还有心情吃吃喝喝睡睡呢？其实他保持松弛感的秘诀就是喝茶、写茶、想茶。

苏东坡有一首诗名叫《定风波·子瞻书困点新茶》，全诗仅一句，想来也许是一时兴起写的。

他看书看困了，就点了杯新茶解困，靠着一杯茶来过过瘾。相比波澜壮阔的大义，这些诗句里的放飞自我便显得特别可爱。

苏东坡说自己是"七尺顽躯走世尘，十围便腹贮天真"。他超越了离合和忧喜，眼见无处不生春。

别人想看他哭，他偏要过得活色生香。倦了倒头睡，饿了想着法子也能弄碗吃的，天寒时喝一盏热茶，夏夜里温一壶月光也能下酒。

他既关心灵魂的阳春白雪，亦在意世俗的生活风趣。他在瓜果蔬菜中寻找本味，在肉鱼美食中寻找浓醇，在烹茶饮酒中寻找至美。

苏东坡不是唯一遭到贬谪的人，但是唯一涅槃出了新灵魂的人。他让我们相信，生命本身的韧性，会慢慢治愈一切的创伤。

把光阴的指针拨回到九百多年前的宋朝。

宋人有喝夜茶的习惯，会争相去园林、花会、坊市煎茶斗浆。夜市里全都是寻常人家汤汤水水的生活。

《东京梦华录》中记载："夜市直至三更尽，才五更又复开张。如要闹去处，通晓不绝。"寥寥数字，让宋朝夜茶多了几分恣意抒怀。

宋朝没有宵禁，东京的州桥夜市有"每五更点灯"的早茶馆，也有夜半三更还有提瓶卖茶者，真是至夜犹盛。

宋朝的火锅叫拨霞供，宋朝人将酒称为蓝桥风月，把茶唤作龙园胜雪。无论我们心里所认为的大宋是文强武弱或是其他，都无法否认宋朝的风雅。

《东京梦华录》里的风物，山家清供中美妙的盛宴，武林旧事中的文人雅集……依循时令过日子的宋人，总能为这些微小的事物赋予情意。

今朝的我们，总想着恢复过去的古城，想着怎样恢复宋城，怎样恢复长安。其实古城和文化的恢复，不仅是效仿或是复刻，更多的是融入当下的人情日常中。

正如东坡先生的饮茶之道，他是尘满面、鬓满霜，也会收拾好身心好好喝茶。哪怕世路难走，他也能在茶中与山川怀抱温柔。

我很喜欢和友人一起喝夜茶的时光，一盏灯笼垂下来，人影绰绰，就这样不紧不慢地啜着，有一种"幽人不可求"的情境。

哪怕深夜才归，没有一杯茶，我仍是无法安睡的。茶杯里温烫的茶水是一种慰藉，读几页书，写几段字，光阴就飞驰而去了。

生活不是给他人表演，而是实实在在的安顿。有人赶着日子过，有人等着日子过，有人耗着日子过，也有人乐着日子过。

面对忙碌生活的另一种解法是"睡馀齿颊带茶香"，以天地为席，摆下一场茶宴，有茶则饮，困了则睡，借宿路途亦不放弃捕捉世间的珍贵。

这一生我们要活得舒爽，内藏若谷，有所念想。活着的每一天并不是用来抱怨和计较，尽可能多留些美给尘世，尘世也自会给予你芬芳。

要相信山河终会绕云雾渐开，林鸟也会衔南枝而来。

独携天上小团月

壹

他仿佛赴了一场皓月长空之约。

坐在山顶上，如同坐在夫子的杏坛前。这时有松风吹来，似有人铿尔一声，苏东坡顿时醒来，写下了这首诗。

踏遍江南南岸山，逢山未免更流连。独携天上小团月，来试人间第二泉。

石路萦回九龙脊，水光翻动五湖天。孙登无语空归去，半岭松声万壑传。

苏东坡无论到了哪里，都自带一身少年心气。他爱结交道人仙侣，此行便是去惠山拜访朋友钱道人。

踏遍江南名山之后，他每逢遇到重峦叠嶂就会流连忘返。苏东坡只身一人带着如明月般的龙凤团茶，要试一试这号称"人间第二泉"的泉水。

好山好水岂能无好茶，最好的茶当然要用最好的泉来烹煮。

喝了这珍贵稀有的龙凤团茶，心事被扫荡一空，连肺腑都溢着香。苏东坡有点飘飘然了，山中虽清清冷冷，可他胸中纳尽万千壮志。

他的心情也顺着石径蜿蜒沉醉，好像萦绕在九龙山背脊上。到了峰顶，俯瞰太湖的水天一色，自己犹如骑在龙身上翻滚到五湖天边。

隐士孙登笑而不语，苏东坡只能默默离去。归去的路上，他忘记了庙堂，只听到半山腰的万顷松风在山谷中瑟瑟作响。

诗中引用了孙登的典故，孙登是魏晋名士，以善啸而知名，苏东坡借他称赞钱道人是一位高洁隐士。

此前他与王安石政见不合，自请出京。好在江南有湖山真意，有惠山好水，那便如孙登般长啸一声，做一个任情逍遥的铁冠道人吧。

苏东坡自眉山北上，就再也没回故乡。他真正的故乡以天地为庐，以心栖清虚为归处。

他的一生是不断求证的一生。从仕途中求证，从山水中求证，从茶事中求证，从自己的内心中求证。

苏东坡如大鹏一般，他不再眷恋自己留在泥土上的指爪，而是轻盈地飞扬上路。

他会随身带一壶水，这水能从大江大浪中奔腾而来，也能在泉水石缝中涓流而出。

贰

风雅的宋朝人，会为每种茶命名，比如龙团胜雪、琼林毓萃、清白可鉴、太平嘉瑞，等等。他们把心中的山水草木点在茶沫里，也刻在茶饼上。

宋人把品茶称为点茶。一个"点"字，让倒茶时的仪态更加活色生香，令人不禁对宋人的风流蕴藉浮想联翩。

茶人用茶筅点茶，就像文士作画，一碗茶汤的韵味，全在双手之间。

苏东坡诗中写的"天上小团月"正是龙凤团茶，是宋朝极负盛名的茶，茶饼上印有龙凤形的纹饰，由茶学家蔡襄研制创立。

龙凤团茶是皇帝高兴时赏赐给他的，这样名贵的茶，数量稀少。苏东坡很少拿出来与他人分享，一直珍藏身边。

他对"小团月"很是恭敬，只有遇到幽境佳泉，且和志同道合的好友同坐，他才郑重地取出来烹茶品饮。

当然，苏东坡对茶的恭敬不是拣佛烧香，他对茶的珍视是山水之间的共饮，更是与寻常人家的共情。

有一回，夫人王闰之按照四川家乡的习惯，用唐朝喝法喝茶，把故人千里迢迢寄来的龙凤团茶加上姜和盐煮来喝。

苏东坡虽觉得可惜，可也不曾责备，还为妻子开脱说"老妻稚子不知爱，一半已入姜盐煎。人生所遇无不可，南北嗜好知谁贤"。

既然夫人已经用姜和盐煮了喝了，那就大胆尝试吧。无须对茶分什么贫富贵贱，各茶入各眼。正如南方北方各有各的嗜好习惯，又怎知哪个好，哪个不好呢？

一盏茶，他若痴迷，没人说得过他。等到他放下时，一转身便随缘放旷。他的性情里始终不曾褪去对于人世温柔的爱恋。

庄子说"道在蝼蚁"，街道上的茶摊，江水上的茶船，园林里的茶席，虽有区别，却未必有高下之分。

古人说，饮茶之美在于味、器、火、饮、境。五美之中，茶本身的气质只是其次，一盏茶的香气和茶韵主要在于人。

人心不俗，哪怕是在田间劳作后的一碗凉茶，也有一番滋味。人心若是俗了，即便泡珍贵的贡茶，也不见得多有风味。

饮茶是不完美人生中的一段完美，希望我们能在一盏茶汤中，得到哪怕身处天地黯然处亦不自失的明亮。

现在流行各种风雅茶事，是形式还是归于生活，在于我们自身。照片有滤镜，文字也会有修饰词的滤镜，但心里的滤镜何时才能卸下来呢？

空闲时也学东坡先生带一身行头去喝茶吧，"且学公家作茗饮，砖炉石铫行相随"。在山水中习茶，那个真我才会慢慢复苏。

纵然前方有曲折山路，亦希望我们能落落而行，见得飞鸟击水而歌，心中有琼枝玉树。

后记：隔空共饮一盏茶

魂梦与君同

写完东坡先生的茶事之旅，我们就像是和他一起渡江游船。

船停到哪儿，就在哪儿歇脚。烟波浩渺的篷船上，东坡先生拿出石铫和茶器，用随身携带的竹沥水烹茶。

饮完茶后，内心像被露水明亮地清洗过，整个人身轻如燕。我们听苏先生闲扯澹台灭明和唐宋风云，真是件很有趣的事儿。

船经过黄州、惠州、儋州，路过他的被贬之地，听苏先生说起当地的溪山风光，还有人情里的轻风高谊。

一路上看见他的故人们向他奔赴而来，或送吃食，或送笔墨，或送银两。此生多少动人的时刻，都不及眼前的风雨同舟。

东坡先生一生经历了颠沛之苦，仕途之苦，还有梦想破裂之苦。苦的时候他就渴望在一盏茶里寻仙问道，一旦回过神来又希望归返朝堂为民请命。

那幽微难言的内心世界，他体会得最深刻。但一个人的迷人之处也正是在此，有高峰，有低谷；有高歌猛进，有壮志未酬。

好在茶是他的挚友，书法是他的知己，诗词是他的声音。苏东坡的心里始终有一块赤壁石，并没有樯橹灰飞烟灭，而是立在那里任风呼啸。

想想我有多喜欢古时的文人清流，也曾仰望星辰般投去过盈盈的目光。如今终于也立在了船头，望着滔滔长河，看着苏先生曾身不由己，又看着他生命力无比磅礴。

船渐渐远去，梦中情景一下子又回到了西湖。苏先生又像是寺中的归人，寺内烛影摇曳，他和禅师在饮茶论诗。

一瞬间，此番情境有一种前世今生之感。那些写过的诗，喝过的茶，遇见过的竹林之交，在灵光一动的瞬间里留存。

秋天就要来了，可我的心还留在和苏先生在一起的春天，魂梦与君同。

隔空共饮一盏茶

人生在世到底该如何度过呢？

世间多的是奔忙做事还要赶回家做饭的人，多的是背井离乡还要跋山涉水的人。就这样忙忙碌碌，忙到夜半星落，忙到无暇看顾好自己的心灵。

有人会说，风雅之事是清贵闲情的人才能拥有的，我们寻常人操心生计照顾家人，哪有精力去看一朵花粲粲盛放，更不用说去山中汲泉水煮茶了。

我心中风雅的标准就是饱经贬谪的苏先生。

这个男人有才，有趣，有情，有担当。即便缺衣少食，却依旧能想出法子让日子有一丝丝甜头。仿佛窗外风雨飘泼，只要在他身边也能心安入眠。

很喜欢名士风流的晋人，胸怀山海的唐人，还有市井簪花的宋人。我们今朝人怀古，寻的不是形式，是那份骨子里的古意。

正如那些清雅之美如果没有经过时光淬炼，终究只是远观的枯山水，而东坡先生的风雅是在静水流深的日子里有绿影涟漪。

一个人能为五斗米折腰，也能转身在溪谷中弹素琴，这才是追求物质和探索心灵不粘黏。现在我更喜欢那些在生活的锤炼下，仍没有泯然众人，用自己的方式留下生命痕迹的人。

苏先生留给我们的茶事之美，是他对茶叶、用水、茶器、同饮之人的讲究。他将喝茶喝到了极致，就算日子苦却对茶半点也不将就。

虽时代不同，可幸甚至哉，"清欢"是我们与他共饮时的领悟。茶作为我们的精神之物，让人豁达于柴米油盐之外。

有些茶初次喝时让你惊艳，但放久了似掺了杂质就变味了，怎么喝都没了当初的茶气。

有些茶刚开始喝令人觉得很平常，但不同的心境下再泡此茶，似乎又多了些甘甜和丰富。不管是怎样的茶，怎样的相遇方式，都有它的机缘和泡法。

曾经有一段时间我总想脱离烦琐生活，一心遁隐归入文字中。但此时的心境，已然从世俗日常中返照进了文字里。

作为观察世间的写作者而言，我时常有"吾生梦幻间，何事绁尘羁"之感。但作为一个承担责任的女子来讲，仍需要奋勇前行。

生命的灵气本就不可多得，而习茶带来的精进是一点点积累的，仿佛心里有了指明灯，翻山越岭之后终见一湾清溪。

写作者如何观察世界，也反映了自己与现实的相处之道。好的作品需要光阴研磨，这和沉下来专注做好自己有异曲同工之意。

人生一如写作，有修饰，有涂改，有白描，即便着墨不多，也请尽量善待我们自身。做好该做的，安妥好自己，也是得到了烟云供养。

感谢这一路遇见的同道人，让我看到了生命本身的舒展，以后随时记录灵感，珍惜好的起心动念。

想想我们活着本身就不容易，应多看看阶柳庭花，或诵经祈福，或月下饮茶，让自己内心的秩序回归原位，感谢生命中的每一次不破不立。

生命美如斯，愿与你们隔空共饮一盏茶。

露茜女子

甲辰年七月